海を渡った「出雲屋」——韓国のパンの百年史

はしがき

『パンの百年史：群山の出雲屋』を出版してから三年の月日が流れた。韓国語で出版されたこの本では、群山《グンサン》に移住したある日本人が、製菓店を出して一家を成した物語を扱った。私たち筆者が平凡なこの物語に関心を持ったのにはふたつの理由があった。

ひとつ目は、出雲屋が韓国で初めて西洋式パンを売った製菓店のひとつだったからである。私たちは、この店に関する記録を手に入れることで韓国のパンの歴史を推測することができた。この記録は出雲屋の後継者である廣瀬鶴子さんが保管していた。彼女は家に保管していた文書や写真を提供してくれた上、インタビューにも応じてくれた。

ふたつ目は、現在出雲屋の跡地で営業をしている李盛堂《イソンダン》と出雲屋はどのような関係だったのかを知りたかったからである。一九四五年にはじまる韓国最古の製菓店のひとつである李盛堂が出雲屋を引き継いだのだろうか。それとも、互いに存在を知らずに偶然そこに店を出したのだろうか。研究を始めてまもなく、ふたつの製菓店の関係が後者であることが分かった。

時間をおいて起こった偶然の一致を、私たちはもうすこし調べる必要があった。偶然に起きたこととはいえ、結果的にふたつの製菓店は時の流れという歴史性からみると、必然的につながっていた。言い換えれば、私たちは偶然の出来事を結果の側に立って、必然として説明する必要があったということである。

このような歴史の偶然性を説明するために、私たちはマクロな社会・経済的変化と、その変化の中で起きたミクロな次元での具体的な行為主体の活動に焦点を当てた。近現代史の滔々たる流れの中で、出雲屋と李盛堂を興したふたつの家族を、自らの生を開拓しようとした積極的な歴史の主人公として見たとき、この偶然の一致を説明することができたと思う。

一九四五年の終戦後、廣瀬家が出雲屋を畳み、日本への引揚げ船に乗る頃、李盛堂の創業者であるイ・ソグは北海道での生活に終止符を打って群山へ帰る船に乗った。ふたつの家族は、それまで蓄えた財産を外国においたまま本国に帰ることになった。出雲屋の財産は相当なものであったが、すべて失ったという点でイ・ソグ一家と同じ境遇であった。

イ一家は、帰国してすぐに群山のある市場の片隅でドーナツを売り始めた。幸いにも商売がうまく行き、新しい店舗をさがしていたところ、出雲屋の跡地を手に入れることになった。そこで初めて李盛堂という看板をかけて製菓店の経営を開始した。しかし、そこがもともと製菓店だったのを、イ・ソグも知らなかった。もちろん互いに顔を合わせたこともなく、それぞれの道を歩む中での偶然の一致に過ぎなかったのである。

この歴史の偶然性を理解するには、まず時代状況を知っておかなければならない。当時、アメリカ軍政下で新韓公社（土地と財産の管理を行う機関）が作られ、敵産家屋（日本人が住んでいた家屋）を払い下げしはじめた。経済的感覚に優れていたイ・ソグ氏は敵産家屋の購入に乗り出し、よい空間を確保したのだった。

四十年の歳月が流れ、もうひとつの偶然が起こった。群山を懐かしんでいた廣瀬家の末娘、鶴子さんが、自分の五十歳の誕生日を記念して友人たちと群山を訪れたのである。団体旅行であったため自由行動が難しかったが、どうしても自分の生れた出雲屋を探したかった。そして昔の記憶をたどりながら地図を見ていたところ、同じ場所に李盛堂という製菓店があるのを発見した。店のドアを開け中に入って行くと、当時の店主のオ・ナムレさんが手を握りながら快く迎えてくれた。まるで互いに遠い昔を知っていたかのように挨拶を交した。このときふたつの家族が初めて顔を合わせたことになる。偶然のように見えた邂逅も、実は鶴子氏の四十年来の念願があったから可能になったものだった。そしてオさんはこのことを大切に思い、子供たちに伝えて来た。

鶴子さんの群山訪問からさらに二十年が過ぎた。この間にオさんは急逝し、その嫁であるキム・ヒョンジュさんが李盛堂を引き継いだ。李盛堂のパンの歴史を研究しようと訪れたオ・セミナを快く迎えてくれたキムさんは、義母と夫から伝え聞いていた出雲屋の話を簡略に聞かせてくれた。だが鶴子さんとは連絡が途絶えていた状態だったので、彼女に会うことは難しそうに思えた。しかし、飛び込みで日本に渡ったオ・セミナの積極的な挑戦が、このふたつの家族を再度引き合わせることになったのである。

日本語版を出すことになったのも偶然の出来事のように見える。二〇一六年四月に島根大学の出口顕先生が姉妹校提携のために全北大学を訪問された。公式的な訪問日程を終えた出口先生は筆者の研究室を訪れた。群山にあった出雲屋の話を聞きたいと言う先生に、私は概略を説明した。そして日本語での出版を望んでいる李盛堂一家の話もした。キム・ヒョンジュさんとその父、チョ・ソンヨンさんが鶴子さんのために日本語で書かれた本の出版を希望していた。鶴子さんが寄せてくれた気持ちへのお返しとして、彼女が読める言語で本を作って贈呈したいということだった。しかし、これという方法がなく難航していたところであった。ある日出口先生に出会い、この事情をお話ししただけだったが、ありがたいことに先生は日本に帰って出版の話を進めてくださった。

一連の偶然が積み重なって、本書を出版することができた。最後に、難しい翻訳をしてくれた中村先生にこの場を借りて感謝申し上げる。翻訳の難しさを知っているがゆえにありがたさはひとしおである。また日本語での発刊に尽力くださった谷口印刷・ハーベスト出版の皆様にも感謝申し上げる。

二〇一六年十二月

ハム・ハンヒ

はしがき　I

I　出雲屋と李盛堂《イソンダン》の出会い　9
一、出雲屋の鶴子さんが李盛堂を訪れる　11
二、夢にまで見た群山《グンサン》　15
三、出雲屋が去ったあと　21
四、百年前の話を始めるにあたって　25

II　出雲屋の人々　35
一、創業者　廣瀬安太郎　38
二、廣瀬健一と家族　46

III　製菓店　出雲屋　59
一、群山に開業した出雲屋　61

二、出雲屋の成長　66
三、出雲屋の運営　74
四、経営の特徴　83
五、一九四五年以降　88
六、出雲屋の再建　99

Ⅳ　朝鮮人の経験：新しい味と空間の誕生　103

一、朝鮮に入った最初のパン　105
二、植民地時代に入ってきた新しいパン　116
三、近代の味が意味するもの　120

参考文献　125

おわりに　126

田中貞子（一九二五～）

父が出雲市出身だったので店の名前を出雲屋にしました。煎餅をつくる生地で遊んでいた記憶があります。出雲屋の人気商品はクリームパン、あんぱん、食パンでした。えびあられも人気がありました。

廣瀬鶴子（一九三一～）

私が五十歳のとき韓国に行って、お土産にお菓子をもらいました。その時包んでくれた紙を二年前まで持っていたのに…。そこの社長さん（オ・ナムレ）のお孫さんたちに会えると分っていれば取っておいたのに…。

I　出雲屋と李盛堂《イソンダン》の出会い

一、出雲屋の鶴子さんが李盛堂を訪れる

私が五十歳になった年、約三十年前ですね。初めて韓国に行きました。その時、群山で一番大きいお菓子屋さんに行ったのですが、市庁のすぐ前にあったと思います。李盛堂でした。私が、ええと、十五歳の頃日本に帰って、五十歳になって初めて韓国に行った時です。出雲屋の場所にまだ菓子屋があるのでとても驚きました。その当時の（一九八一年）李盛堂の写真を撮っておきました。

ある日突然、廣瀬鶴子が李盛堂を訪ねて来た。この場所で自分の父親がパン屋をしていたと興奮した様子で語った。

お父さんですか?すると日本人ですよね…。

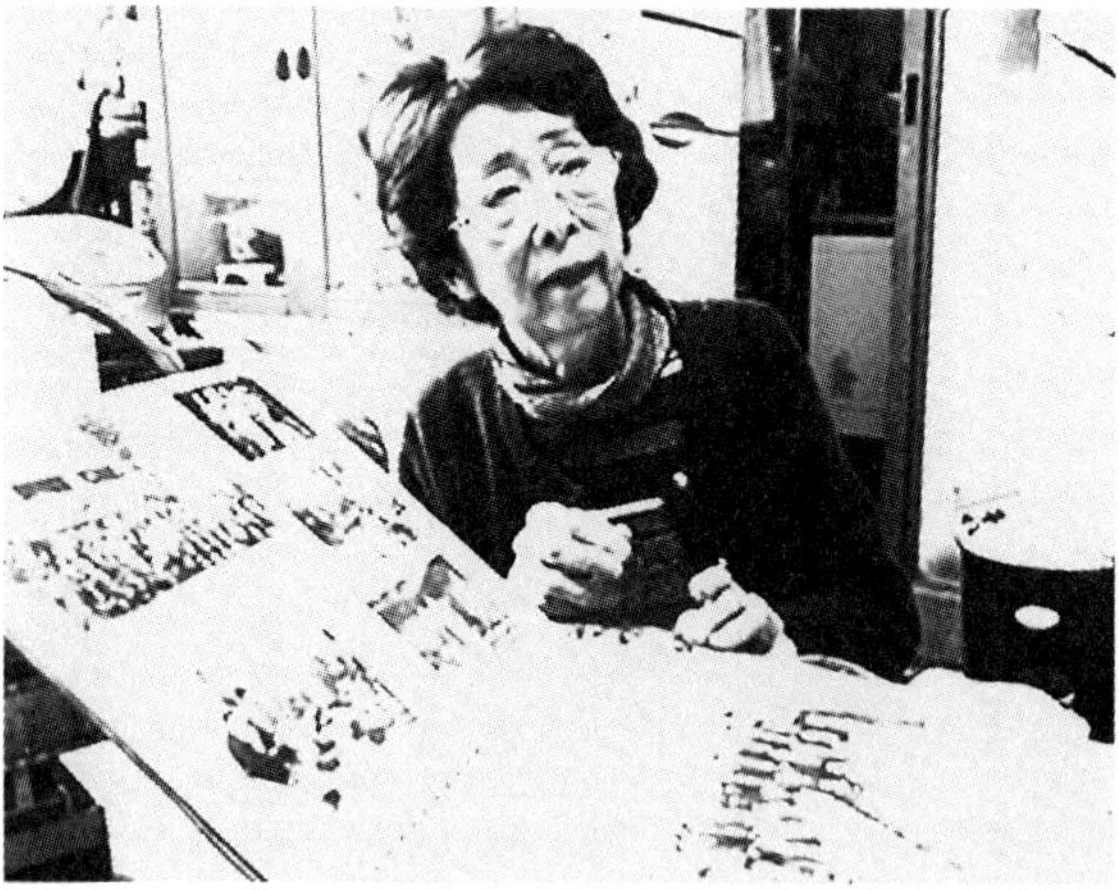

当時、李盛堂の社長であったオ・ナムレは、製菓店に入ってきた日本人の廣瀬鶴子を喜んで迎え入れながらも、怪訝そうに聞いた。

植民地時代の話のようですね？

はい、私たちはこの場所で同じパン屋をしていました。李盛堂のように。あぁ。本当に偶然ですが、驚きました。

一九八一年、群山を訪問した鶴子が李盛堂を発見し、その足で駆け付けた話を、三十年が過ぎた今でも上気した声で私たちに話し始めた。

鶴子は気を落ち着かせてオ・ムレに自己紹介をした。

私は日本から来た廣瀬鶴子と申します。突然押しかけて変な話をしてごめんなさい。あまりにも懐かしくて、驚いてしまって。

いえいえ、私も驚きましたが、本当によくいらっしゃいました。こちらにお座り下さい。

オ・ナムレは廣瀬鶴子を売り場の奥の事務室に案内した。そうして事務室の中の小さな机に向かい合って座った。国籍は異なるものの、二人の中年女性には何かしら共通点が多いようであった。歳も近く、仕事も同じだからだろうか。初対面にも関わらず、二人はまるで旧知の間柄のように昔話を始めた。鶴子が先にこれまでのいきさつを話した。

思い返せば、この日こそが韓国のパンの百年史を書く準備が整った重要な瞬間だった。廣瀬鶴子が三十七年ぶりに群山に来て李盛堂を訪問していなければ、出雲屋に関する話

1981年に廣瀬鶴子と李盛堂の店主オ・ナムレが初めて出会った。当時、家業を継ぐために李盛堂で修行中だったオ・ナムレの息子であるチョ・ソンヨンも同席した。

は人々の記憶から消え去っていただろう。一九四五年以前の群山に日本人が経営したパン屋、出雲屋があったことを知る人はほとんどこの世を去り、もしいたとしても正確に記憶している人はいないからである。

二、夢にまで見た群山

一九八一年、廣瀬鶴子は三十七年ぶりに群山を訪問した。まさに夢にまで見た群山であった。十五歳で群山を離れてから、五十歳になってようやく群山に来られたことに胸が熱くなった。五十歳の記念旅行として群山を選んで本当によかったと何度も思った。群山旅行は一人ではなかった。幼少の頃、同じように群山に住んでいた友人たちと計画した旅であった。

一九四五年八月十五日、日本が敗戦すると在朝日本人は一様に追われるように引き揚げた。鶴子は当時女学校に通っており、敗戦の状況をある程度は理解していた。茫然自失の両親、頑固な父、一刻を争った引揚げの道中など、今も鮮明に覚えている。そんな暗い記憶もあるが、群山は廣瀬鶴子と同行の友人たちにとっては、子供の頃の思い出が詰まった場所であった。だからこそ、いつか必ず再訪したい場所であった。

1981年に廣瀬鶴子が群山を訪問した時に撮った群山郵便局の写真。30数年ぶりに訪れた群山は昔と今が共存していた。

廣瀬鶴子と友人たちは中年期に入り、いつか行こうと言いながら実現していなかった群山旅行をついに敢行した。彼らは植民地期に群山で生まれ、終戦前まで学校に通っていた。だから、群山の至る所に彼らの幼い頃の思い出が詰まっていた。学校が終わると公園に行って遊んだり、友達の家に遊びに行ったりしながら、一緒に楽しい時間を過ごした。彼らは終戦を迎え引き揚げたあとも、群山での生活を忘れられず、定期的に集まった。引揚げ当初、日本に定着するまでの間は、友人たちとは散り散りに過ごしていたが、ある程度落ち着いた頃に互いに連絡を取り合うようになり、頻繁に集まるようになった。群山という場所とそこでの生活が、生涯に渡って彼らを固く結び付けていた。彼らにとって群山は心の故郷であった。人生という旅の途中でしばし滞在した場所としてではなく、人生の出発点である幼少時代の思い出あふれる場所として記憶されているからである。

三十数年振りに再訪問した群山は大きく変わっていた。いつも懐かしく思い出していた様子とは異なっていたが、昔の風景が残る場所もところどころにあった。群山国民学校や群山女学校など、群山市内の至る所を回りながら、しばし彼女は幼い頃の思い出に浸った。団体旅行だったので個人行動が難しかったが、廣瀬鶴子の目は出雲屋を探していた。本当は一番に駆けつけたい場所であった。出雲屋の周辺にあった店の様子が思い浮かんできた。出雲屋の向かいにあった写真館、文房具屋、映画館、百貨店…、そして出雲屋の店内も脳裏に浮かんだ。店の中で忙しく立ち働く祖父と父、エプロンを着けてお団子を作っていた母、店の仕事を手伝っていた姉と兄たち、お盆を持ってあちこち動き回る従業員たち…。

その時、廣瀬鶴子の視線をひきつけた場所があった。明治町二丁目の出雲屋があった場所だった。周辺は大きく変わっていたが、そ

廣瀬鶴子が1981年に群山を訪問した際撮った李盛堂の写真。「BAKER」という李盛堂の看板は、当時の社長のオ・ナムレの長男チョ・ソンヨンが自分で掛けたものだという。

李盛堂はその当時から既に有名な製菓店であった。あんぱん、そぼろパン、野菜パンなどがよく売れていた。どっさりと並べられていたのが特徴的だった。

の場所だけは正確に覚えていた。日本に引き揚げるまで、彼女が家族と共に生活した場所であり、末っ子の彼女が生まれた場所でもあった。一瞬、彼女は目を疑った。なぜなら記憶の中にしかない出雲屋を目の前に見つけたからである。しかも、同じ菓子屋がそこにあるではないか。

「李盛堂」と書かれた看板が目に飛び込んで来た。彼女は驚きを隠せなかった。鶴子は、はやる気持ちを抑えて李盛堂のドアをそっと開けた。取手に手をかけてドアを開けるとき、彼女は出雲屋のドアを開けるような錯覚に陥った。ほんの一瞬であったが、タイムマシーンに乗って時間を遡り、祖父と父が営んだ出雲屋のドアを開けて入っていくようであった。ドアが開くと売り場の真ん中で、同じ年頃の婦人が彼女をあたたかく迎えてくれた。李盛堂の店主、オ・ナムレであった。

三、出雲屋が去ったあと

この場所に製菓店があるとは、廣瀬鶴子には思いもよらないことだった。なぜなら、日本に引き揚げるとき、当時出雲屋を経営していた父廣瀬健一は断固として出雲屋を朝鮮人に譲り渡さなかったからである。やむなく日本に引き揚げたものの、いつか群山に戻って店を再開できると考えていたため、複数の人からあった譲渡の提案を受け入れなかった。

私たちが日本に引き揚げなければならなかったあの頃、私たちの店に朝鮮人従業員の中で一番年長の人がいたんですが、その人が店を譲ってほしいと父にお金を渡して説得をしました。でも、父はこの店に残ると言って、結局売らなかったのです。また戻ってでも店を続けたいと言っていました。

頑固な父であったが、ひと月余り経ってからついに全てを手放して日本に帰ることにした。出雲屋を畳み、引揚げの途に就いた。出雲屋の群山時代はこのようにして幕を閉じた。日本に戻った廣瀬一家は伊万里に落ち着いた。再び出雲屋を開き、家族一丸となって奔走した。しかし日本での生活は思うようにはいかなかった。経済的にも厳しく、新しい場所に腰を落ち着けることもままならなかった。廣瀬家の人々は群山での生活がますます恋しくなっていった。父はもちろんのこと、鶴子自身にとっても生まれてから女学校までを過ごした、思い出がたくさん詰まった場所であった。いつかは戻ることができるという夢を支えに生きていた。そういう意味では群山の記憶と郷愁は、鶴子と鶴子の家族の生きる原動力であった。

今は、姉と私だけです。前は上の兄と上の姉もいましたが、二人とも亡くなりました。特に上の兄は群山にいた当時の家業を継ぐために料理学校に通っていたのですが、途中で先に亡くなってしまいました。今は下の姉と私だけが残っています。父が出来のいい子は先に死んで、出来の悪い子だけが残ったとよく冗談を言っていました。ははは。

話し終えた鶴子は、李盛堂のことが気になった。どういう経緯で李盛堂がここで商売を始めたのか、オ・ナムレに訊ねた。

李盛堂は名前の通り、「李氏が営む店」という意味で付けたと義理の両親が言っていました。

オ・ナムレが言った。

屋号は初代店主のイ・ソグが付けた。彼は姓が「李」で、オ・ナムレの夫のいとこであった。彼はもともと全羅北道南原出身で、より良い生

李盛堂は「李氏が営む店」という意味である。小さな店から始まった。もとは現在の李盛堂の近所にあったが3年後の1948年に出雲屋の土地を買い取って移転し、今日に至る。

活を求めて植民地時代に北海道に移住して終戦まで過ごした。彼は戦争が終わると同時に帰国し群山に定着した。李盛堂という名前で、今の場所から少し離れた所に小さな菓子屋を構えた。狭い店で小規模の商売から始めたが、パンが少しずつ評判になり経営も軌道に乗った。イ・ソグは店を拡大しようと一九四八年六月に「敵産家屋」(1)として登録されていた出雲屋の払い下げを受けた。その後、彼は他の事業を展開するためにソウルへ上京することとなり、いとこであるオ・ナムレの夫に李盛堂を譲った。オ・ナムレが嫁いでくる前から、夫の一家が李盛堂を経営していたのである。月日が流れ、義理の両親も夫もこの世を去り、オ・ナムレは息子と共に李盛堂を切り盛りしていた。(2)

(1) 日本人が住んでいた日本式家屋。終戦後、日本人の住んでいた建物は没収され安価で一般に払い下げられた(訳者注)。

(2) 三代目のオ・ナムレも亡くなり、現在は嫁のキム・ヒョンジュが李盛堂の四代目店主となっている。

四、百年前の話を始めるにあたって

廣瀬鶴子が李盛堂を訪れたことは、忘却されかけていた歴史の一ページを蘇らせる貴重な機会となった。彼女の李盛堂訪問のエピソードを詳しく聞くために、私（オ・セミナ、全北大学大学院在学）は日本に渡った。

実は、私より先に日本へ行った人がいた。十年ほど前、つまり廣瀬鶴子が李盛堂を訪問してから二十年余りが過ぎたころ、李盛堂社長のオ・ナムレの息子チョ・ソンヨン（現デドゥ食品社長）が、日本に出張していた。日本での仕事を終えた彼は、廣瀬鶴子がどうしているか気になり連絡を取ってみた。幸運にも鶴子と連絡が取れた。伊万里に住んでいることを確認したソンヨンはすぐさま駆けつけた。

伊万里は市にしては小さく静かな街であった。出雲屋という菓子屋の前で廣瀬鶴子と夫の廣瀬正幸がチョ・ソンヨンを待っていてくれた。彼らは群山の出雲屋ではなく、日本の出雲屋で顔を合わせることになったのである。当時は、鶴子の夫正幸が出雲屋を営んでおり、長男の安太郎が家業を継ぐために菓子作りの修行中だった。

すっかり歳を取ってしまった廣瀬夫婦は、実に嬉しそうにチョ・ソンヨンを迎え入れてくれた。鶴子は夫と長男を彼に紹介した。チョ・ソンヨンは初対面の正幸と息子の安太郎と挨拶を交わし、名刺交換をした。(この時の名刺が十年後に再びつなげてくれるとは！)チョ・ソンヨンは、商店街でもひときわ立派な構えの出雲屋が印象深かった。彼は他の予定があったため長居できず、後ろ髪ひかれる思いで廣瀬家の人々に別れを告げた。帰国して日常に戻り、伊万里でもらった名刺は机の引き出しに大切に保管した。

さらに十年が過ぎた。李盛堂はこの十年で群山地域だけでなく、全国にその名が知られるようになった。製菓業界の「ダークホース」として成長したのである。全国各地から客が訪れる中、李盛堂に思いがけない出来事が起こった。店主のオ・ナムレが急逝したのである。あまりにも突然の死は李盛堂に大きな衝撃を与えた。しかし、李盛堂には文句なしの後継者がいた。嫁いでからというもの、一日も欠かすことなく李盛堂の裏方で姑の補佐をしていた長男の嫁、キム・ヒョンジュが四代目店主となった。

李盛堂のパンがおいしいという評判を聞いて、多くの客が訪れた。人々は、「なぜここのパンはおいしいのか」、「どうやって作るのか」、「李盛堂はいつできたのか」など、好奇心から聞いてきた。李盛堂の歴史について根掘り葉掘り質問をする人もいた。李盛堂の歴史に関しては、四代目店主のキム・ヒョンジュ自身も関心を持つところであった。義理の両親から出雲屋の話を簡単には聞いていたが、時が経ち過ぎており、詳しいことは分からないだろうと考えていた。とはいえ、いつかは事実を確認したいと思っていた。事実を確認することで、李盛堂の地位をゆるぎないものにできるだろうと考えていた。

李盛堂という小さくない店の店主となったキム・ヒョンジュにのしかかる責任は大変大きかった。これまで李盛堂は姑の陣頭指揮の下に発展してきた。これからは姑が残した功績を基盤に、より発展さ

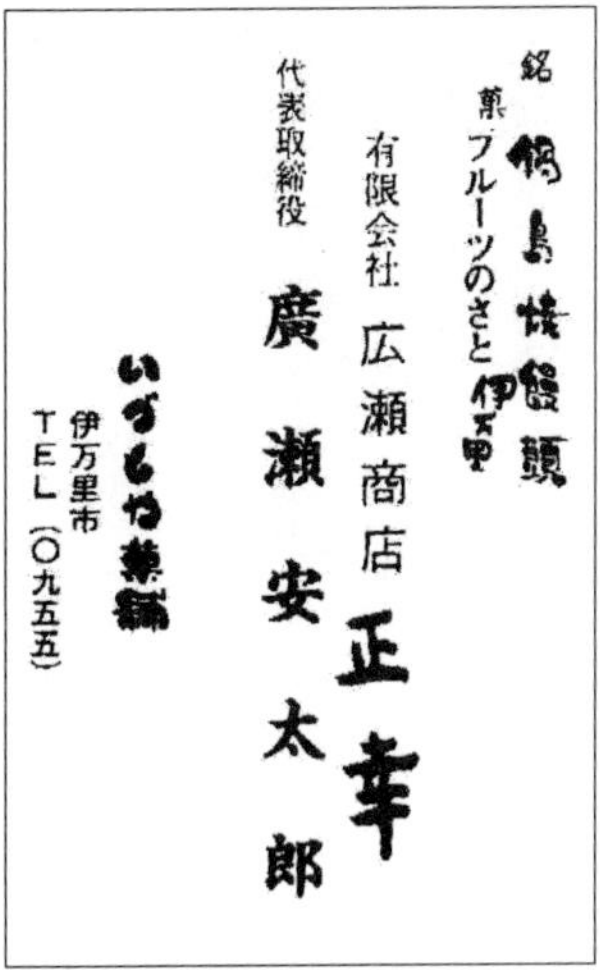

二〇一一年、キム・ヒョンジュがオ・セミナに見せてくれた廣瀬鶴子の長男安太郎の名刺である。（十年程前にチヨ・ソンヨンが日本を訪問した時にもらったもの。）

せなければならないという使命感があった。もっとおいしいパンを作るために努力した。また、良質の材料を使ったヘルシーなパン作りの研究を重ねた。群山という小都市にあって、全国で最もおいしいパンと認めてもらうためには、ソウルのパン屋よりも何倍もの努力をしなければならないと考えた。

文化の中心となるために重要なのは歴史である。歴史の厚みがなければ文化は成長しない。パンの歴史はソウルを中心に成り立っていると考える一般の人々に、李盛堂は知らせたいことがひとつあった。それは、李盛堂の歴史の厚みである。終戦と共に李盛堂を構えてから六十年が過ぎ、七十年を迎えようとしている。その上、群山における

製菓業の歴史は百年を超えている。群山の製菓業の歴史を明らかにする鍵は出雲屋が握っていた。店主のキム・ヒョンジュは、出雲屋のことが気になり始めていた頃ちょうど、地方の製菓史を研究している私と出会った。李盛堂を訪ねて行った私とキム・ヒョンジュは、互いの関心が共通していることを知り、共に歴史の追跡に乗り出した。私たちが出会ったのは、廣瀬鶴子とオ・ナムレが一九八一年に群山の李盛堂での邂逅を遂げてから三十年目の二〇一一年のことであった。廣瀬鶴子とオ・ナムレの出会いが、韓国におけるパンの百年史をつなげた事件だったとすれば、三十年後の私たちの出会いは百年史を公的な歴史として再現する作業に翼を与えた事件であったと言えよう。当時、修士論文を準備していた私は、十数年前にチョ・ソンヨンがもらった一枚の名刺を手に、日本へ飛んだ。

二〇一一年二月二十八日、福岡には春が近づいていた。私は博多駅近くの宿で旅装を解き、すぐに電話で廣瀬鶴子に連絡を試みた。日本に行く前に「あの名刺」に書かれていた番号に電話をしてあった。廣瀬鶴子の息子安太郎が電話を取り、母親の番号を教えてくれた。電話番号を押しながらも、断られはしないかと心配が先立った。呼び出し音が聞こえるとすぐに、年配と思しき女性の声が聞こえてきた。私は電話をした理由を簡単に話し、会って話をしたいと伝えた。すると急に廣瀬鶴子は明るい声で答えた。

韓国から来たんですか？群山からですか？よくいらっしゃいました！

ありがとうございます。本当にありがとうございます！

断られるかもしれないと思った心配をよそに、あまりにも快く会ってくれるという返事をもらった私は感謝の言葉を何度も伝えた。胸がいっぱいになった。修士論文を準備する過程で偶然に知った、百年前に群山地域にあった製菓店に再会できるような思いになったからである。はるか昔のものと思っていたものが、実像を持って自分の目の前に現れたようで、その日の夜は寝付けなかった。十数年前の名刺がこのようにつなげてくれるとは思わなかったからである。

もしもし、キム・ヒョンジュ社長ですか?今、博多駅近くの○○ホテルにいます。鶴子さんが明日、伊万里に来てもいいと言ってくれました。たった今です。本当に信じられません。明日私と一緒に行けるんですね?はい。ではそのようにしましょう。

時を同じくしてキム・ヒョンジュも製菓店の仕事で日本に出張中であった。二人で一緒に伊万里に行くことにした。またとない機会に、キム・ヒョンジュも日程を変更して私に同行することにしたのである。これまで気になってしょうがないのに、まるで霞がかかったようだった出雲屋のことが分かる絶好の機会だと思った。

私たちは早朝佐賀に向かった。二〇一一年三月二日であった。佐賀は福岡から車で二時間ほど離れたところに位置していた。伊万里が近づくにつれて緊張と興奮が交差した。廣瀬鶴子に会えると思うと心臓が高鳴った。「果たして出雲屋の後継者の孫に会うことができるのか?私たちが知っていることは事実なのか?」

待ち合わせ場所に近づいた頃、遠くに腰の曲がった廣瀬鶴子を発見した。彼女が手を振りながら迎えてくれた。八十一歳とは思えないほど上品な姿だった。彼女は私たち一

2011年、初代出雲屋店主の孫娘である廣瀬鶴子と李盛堂の現店主キム・ヒョンジュ、そしてチョ・ソンヨンは、佐賀で邂逅した。彼らは代々製菓店を運営している。自分たちの歴史とパンの100年史を記録する作業が始まった。

行を家の中に通してくれた。彼女は出雲屋に関連するたくさんの写真や文書を大切にしまっていた。キム・ヒョンジュは話を聞けば聞くほど、出雲屋という空間で起こった出来事を歴史として残さなければならないという思いに駆られた。

　廣瀬鶴子との最初のインタビューの間、私は興奮を抑えることができなかった。初めはパンが好きだからという軽い気持ちで始めた仕事であったが、今では違った。李盛堂で終わると思っていた調査が、雪だるま式に大きくなっていった。図らずも伊万里まで来て、ボイスレコーダーとカメラを持って調査に熱中している自分の姿が奇妙にさえ思えた。

二回目の訪問は、二〇一一年四月十四日に行った。チョ・ソンヨンとキム・ヒョンジュ、私の三人で再び廣瀬鶴子を訪ねた。再訪問だったからであろうか、三人とも前回と同じような興奮は感じなかった。気楽な旅という感じであった。廣瀬鶴子の家に到着して、お互いに近況報告や昔話をしながら楽しい時間を過ごした。しかし、韓国に戻った三人は、言葉にこそしなかったが、心の片隅に寂しさを感じていた。特にチョ・ソンヨンの心は複雑であった。十数年前に会ったときよりも、鶴子と正幸が急に老け込んでいたように見えたからである。この老夫婦の物語が消えてしまうようで、チョ・ソンヨンは気が重くなった。誰もが彼らの人生を記録しなければならないと考えた。

そして二〇一二年五月三十一日に三回目の訪問をした。出雲屋に関する追加調査が必要な状況であった。今回は全北大学校の無形文化研究所でチーム（ハム・ハンヒ、オ・セミナ）を組んで伊万里を訪問し、出雲屋の歴史の記録を始めた。

私たちが本書に記録した物語は、廣瀬鶴子の口述と彼女が所蔵する写真、文書等が基となっている。彼女は群山の出雲屋を引き継ぎ、佐賀県伊万里市で夫と共に最近まで出雲屋を運営してきた当事者である。私たちは廣瀬鶴子の姉である田中貞子にも会って、出雲屋に関する話を聞いた。

群山の出雲屋は一九一〇年のはじめに開業し、一九四五年の日本の敗戦まで、明治町二丁目（現在の中央洞一街）にあった。現在の李盛堂が位置する場所である。同じ場所で製パンの歴史が百年も続いた。ソウルのような大都市の伝統ある製菓店でも、同じ場所に百年の歴史を持つところはない。群山という中小都市で、西洋から輸入されたパンの百年間の歴史を辿ることができるのは興味深いことである。韓国では唯一のパンの百年史を記録するのが本研究の目的である。本書では、主に前半部に該当する一九一〇年から一九四五年までの出雲屋の物語を描く。

Ⅱ　出雲屋の人々

出雲屋

植民地時代の群山。繁華街であった明治町に、出雲屋という繁盛している製菓店があった。あられや餅の他にパンや洋菓子を売る店だった。一九一〇年代初めにあられ専門店として出発した出雲屋は、一九三〇年頃には群山で最も大きい製菓店として知られるようになった。創業者は一九〇六年に島根県出雲市から群山へ移住して来た、廣瀬安太郎という人であった。精悍な顔立ちと、頼もしい体格が印象的な一家の大黒柱であった。朝鮮が日本の植民地であった時代、彼は創業者として廣瀬家を率いて群山で出雲屋を創業し、製菓店と飲食店を経営して大繁盛させた。現在は廣瀬家の五代目が佐賀県伊万里市で製菓店を継いでいる。

一、創業者　廣瀬安太郎

廣瀬安太郎の元の名前は圓増安太郎といった。彼は一八六九年（明治二年）に島根県松江市で生まれた。幼少期の記録はほとんど残っていない。彼は青年期に、船に積む陶器を梱包する仕事をしていたというが、後に松江から一時間ほど離れた出雲に引っ越した。いつのことか不明だが、そこで製粉、製麺、あられの製造技術を習ったという。出雲と松江は和菓子で有名な地域である。その時身に付けた技術のおかげで、朝鮮に行ってあられ屋を出すことができたというわけである。

圓増安太郎は二十五歳の時出雲でシメと出会って結婚し、四男一女をもうけた。長男の建一（一八九五年生）、次男の介次郎、三男の清三郎、娘の雪子、そして四男の友雄である。健一が小学校五年生か六年生の頃、圓増安太郎は大きな決断をする。それは、一家で朝鮮に移住することであった。当時は、まだ朝鮮が正式に日本の植民地として合併された時期ではなかったが、一八九九年に群山港が開港した後の一九〇一年から、日本人は自由に群山に入ることができるようになっていた。日本は次第に朝鮮へと手を伸ばし始め、乙巳條約（日韓協約）の後に統監府を設置した。群山には一九〇六年に群山理事庁が設置され、群山日本民会が日本居留民団に変わるなど、日本人の移住が本格的に始まった時期である。

安太郎もこの頃に群山移住を決め、一九〇六年に群山に渡った。移住した時のことを孫娘の廣瀬鶴子と貞子は次のように語った。

祖父が子供たちを軍隊へやりたくなくて、姓を廣瀬に変えて朝鮮に行ったそうです。

当時の日本では、長男を除いて次男以下は徴兵されたが、安太郎は息子たちを兵隊に出したくなかった。そこで、日本を離れることを決断した。姓も「圓増」から「廣瀬」に変え、朝鮮移住を敢行した。貞子によると「祖父は廣瀬という仏壇を買った」という。姓をむやみに変えたのではなく、仏様に許しを得たのだと貞子は強調した。

当時、ほとんどの日本人は経済的な目的で玄界灘を渡って朝鮮へ行った。朝鮮を新

初代出雲屋店主の廣瀬安太郎と妻のシメ。安太郎は25歳の時に出雲で婚礼を上げた。群山に移住し出雲屋というあられ屋を開いた。

しい投資の対象と見る資本家や、日本で困窮していた人々が移住していった。しかし、安太郎の場合は経済的理由だけではなかったようである。彼は住まいと姓を変えてまで、息子たちを兵隊に送りたくなかったのである。

　妻と五人の子供を持つ家長として、朝鮮に移住してきた安太郎の肩の荷は重かったと思われる。故郷で学んだ技術を頼りに、新たな土地、群山であられ専門店を開いた。彼は頭の回転が良く、経営手腕も良かったので、厳しい条件のもとではじめた製菓店であったが、ほどなく安定していった。彼は酒が好きでよく酒を飲んだ。酒を飲むと頭の回転がさらに良くなり、周囲の人を驚かせていたと、孫の貞子は誇らしげに語った。彼が創業した出雲屋はあられ専門店として群山に名が知れ始めた。物心ついた長男の健一を日本に修行に出した。安太郎は製菓業を拡大させて、息子に家業を継がせようとしていた。

兄弟の中では、次男の介次郎が最も菓子作りに秀でていた。だが、安太郎は長男の健一に家業を譲った。健一は父親に似て経営手腕がよかった。長男が出雲屋を継ぐと安太郎は隠居生活に入った。安太郎は長男と同居していたが、病を患いこの世を去った。一緒に住んでいた孫の貞子は、病気の祖父の世話があ

創業者　廣瀬安太郎

1910年代のあられ屋。ここで売っていた菓子の中であられが一番人気があった。

まりできなかったことを悔やんでいると話す。闘病中の祖父に家族はあまり近寄らなかったという。息子たちが父親の世話をしなかったから祖父は死んでしまったのだと貞子は悔やむ。末孫の鶴子は、聡明だった祖父のことをよく覚えている。だから祖父に似て賢くなるようにと、自分の子供に安太郎と名付けた。曾孫の安太郎も両親の後を継いで出雲屋を営んだが、最近店を畳んだ。現在は、玄孫である真吾が、父の店から近いところで「パティスリー廣瀬」というケーキとコーヒーの専門店を運営している。廣瀬家は製菓業を五代に渡り続けていることになる。代々家業を継ぐ日本人らしい。

廣瀬家の家業継承

廣瀬安太郎	出雲屋　群山に創業
長男、廣瀬健一	出雲屋（現　群山市中央洞）
孫娘婿、廣瀬正幸	出雲屋（佐賀県伊万里市）
曾孫、廣瀬安太郎	出雲屋（佐賀県伊万里市）
玄孫、廣瀬真吾	パティスリー廣瀬（佐賀県伊万里市）

創業者　廣瀬安太郎

終戦後、日本に戻った廣瀬家は伊万里に定着し、そこで出雲屋を再開した。廣瀬健一は末娘の鶴子と婿の正幸と共に出雲屋を経営した。出雲屋の前の鶴子と正幸。

現在「パティスリー廣瀬」の名前で廣瀬鶴子の孫の真吾が運営している。李盛堂の社長キム・ヒョンジュが2011年に訪問した際、鶴子と孫の真吾と一緒に撮った記念写真である。

廣瀬家の家系図

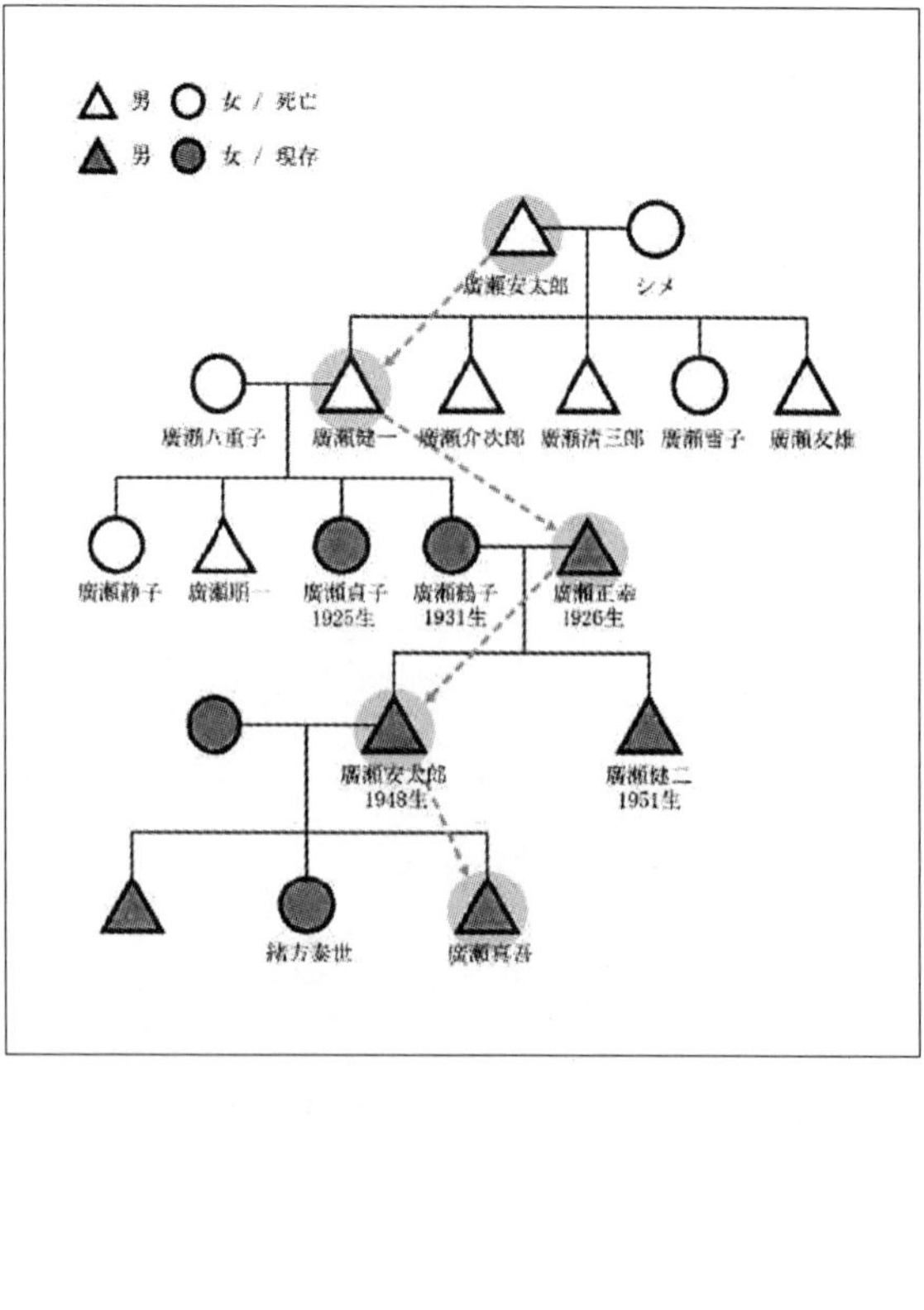
男
女 / 死亡
男
女 / 現存
廣瀬安太郎
シメ
廣瀬八重子
廣瀬健一
廣瀬介次郎
廣瀬清三郎
廣瀬雪子
廣瀬静子
廣瀬貞子
1925生
廣瀬鶴子
1931生
1926生
廣瀬安太郎
1948生
廣瀬健二
1951生
緒方泰世
廣瀬真吾

創業者　廣瀬安太郎

1910年代
廣瀬安太郎が創業した出雲屋

1930年代
廣瀬健一は本店を、介次郎は分店を営んだ

1950年代
伊万里の出雲屋。廣瀬正幸が運営し、息子の安太郎が継いだ

2000年代
廣瀬真吾が経営する出雲屋の後身「パティスリー廣瀬」

二、廣瀬健一とその家族

長男健一（一八九五～一九八一）は、家業を継いで出雲屋を大きく育てた功績者である。父に似て事業手腕が良かった。健一は結婚して一男三女をもうけたが、妻とは離婚した。それから二人目の妻八重子と再婚した。彼女は健一より十二歳年下で、群山のある食堂で初めて健一に出会った。八重子は一九二八年に日本から群山に移住したと記録されているが、詳細な経緯は明らかではない。八重子は廣瀬家に嫁入りしてから、四人の子供を育てあげ、店の仕事にも邁進し出雲屋の発展に大いに貢献した。

八重子が再婚したとき三女の鶴子はまだ幼く、生みの母の記憶がないばかりか、継母を実の母と思って育った。八重子が実の母でないという事実をずっと後になって知ったというほど、八重子は四人の子供を自分の子供のように育て、家事も仕事もこなした。店では主にカウンターで会計を担当し、時に注文が滞ればパンや菓子作りを手伝ったりもした。菓子職人よりも上手だと言われたこともあった。ある日、次女の貞子が継母の

廣瀬健一とその家族

廣瀬健一の家族写真。左から長男順一、健一、三女鶴子、長女静子、次女貞子、後ろに立っているのが八重子。

八重子にこんなことを訊いたことがある。

なんでお父さんみたいに足が悪くて禿げている人と結婚したの？

継母の答えは、

出雲屋の前をよく通っていたのだけど、陳列台がとてもきれいに整理されていて、陳列台をこんなにきれいに整理する人なら、とても誠実な人だと思ったからですよ。

八重子は日本から朝鮮に渡り食堂で仕事をしていた。健一は求婚の時、私と結婚したら出雲屋でいい仕事ができますよ。

と言って結婚を決心させたという。八重子は若くて顔立ちもきれいな上、性格の良い、しっかりした女性だった。健一はそんな彼女をとても大切にした。娘たちの話によると、父は新しい母を八重子という名前の代わりに「麗子」という愛称で呼んでいたという。

廣瀬健一と八重子。八重子は健一より十二歳も年下の後妻であったが、良妻賢母であったと子供たちは記憶している。

長女静子、長男順一、次女貞子（一九二五年生）、三女鶴子（一九三一年生）はすべて群山で生まれた。父は長男に家業を継がせようと順一を料理学校に行かせた。しかし、不幸なことに順一は若くしてこの世を去った。

出雲屋で撮った八重子の写真。店では主にカウンターで会計を担当し、時に注文が滞ればパンや菓子作りを手伝ったりもした。菓子職人よりも上手だと言われたこともあった

八重子と子供たち。順一と静子は中学校、貞子は小学校に通っており、三女の鶴子は出雲屋を遊び場にして遊んでいたという。

廣瀬順一。順一は家業を継ぐために料理学校に通った。警察署で開かれる剣道教室にも休まず通った。

順一の葬式。幼い時から病弱だった順一は、中学生で急逝した。

長女静子も早くにこの世を去った。順一より先だった。静子はさほど体が丈夫なほうではなかった。群山で女学校を卒業して婚期が来ると、叔父の介次郎の養子に入った廣瀬正芳と結婚した。法的には従兄との結婚となる。二人は群山の出雲大社で廣瀬一家と知人が集まるなか結婚式を挙げた。

成人した廣瀬静子。静子は体が丈夫なほうではなかった。

結婚式の写真が残っており、当時の様子を伺うことができる。静子は結婚後、夫と共に中国に渡り製菓業で生計を立てた。しかし、気候風土が合わず体を壊してしまった上に、産後の肥立ちが悪く、亡くなってしまった。生まれた子もしばらくして母親の後を追うという悲運が、同じ年に廣瀬家を襲った。

貞子は一九二五年生まれで、静子の妹である。健一の次女として群山で生まれ、

静子と夫の正芳。叔父である介次郎の養子に入った正芳と早くに結婚した。

静子の結婚式。群山にあった出雲大社で廣瀬一家と知人が集まるなか結婚式を挙げた。

小学校を卒業し、群山女学校に入学した。姉の静子が嫁いだ後、継母と共に出雲屋の仕事を最も多く手伝った。三女の鶴子はまだ幼く、兄も早くに亡くなっていたので、貞子は女学校に通う頃から家業を手伝うようになっていた。

一人前に仕事をしようとしましたが、父の目にはかなわなかったのでしょう。父はよそに行って菓子屋の娘と言うなと言っていました。

貞子は幼い頃父に叱られた話を、まるで今そこで起こっているかのように、楽しそうに

静子の葬式。静子は結婚後、夫と共に中国に渡り製菓業で生計を立てた。しかし、気候風土が合わず体を壊してしまった上に、産後の肥立ちが悪く、亡くなってしまった

話した。生来、物分りの良い子で、両親の言うことを良くきいていた。だが、思春期の少女らしく学校に行っては友達と遊びまわり、楽しいことで頭の中はいっぱいだった。ややもすると店の仕事を疎かにした。そんな彼女を見るにつけ、父は家事を手伝いなさいと小言を言った。貞子は仕事をしてもうまくできないので、父に「よそで菓子屋の娘と言うな」と叱られもした。

廣瀬貞子。健一の次女として群山で生まれ、小学校を卒業後、群山女学校に入学した。家で継母と共に、出雲屋の仕事を手伝った。

それでも製菓店では貞子がいないと困るくらい人手が不足していた。盆や正月になれば、製菓店はさらに忙しくなり、貞子は学校から帰ってすぐに店の仕事を手伝っていた。

一九三〇年代には出雲屋に多くの軍人が訪れた。群山の郊外に飛行場があり、そこに勤務する人々が客として訪れたのである。

廣瀬家は週末にそこへ遊びに出掛けることもあった。パンと菓子を求める客が多くなると、継母も菓子作りをするようになった。腕前の良かった母のお蔭で売上げも上がった。母はお団子作りが上手であった。

鶴子は廣瀬家の末娘で、出雲屋の後継者である。一九三一年に群山で生まれ、群山で女学校まで通った。鶴子は末娘だったが最終的には家業に責任を負う役割をした。群山にいたときには、姉の貞子と違ってまだ幼いという理由で店の仕事を手伝うことはなかった。

そのため鶴子は群山時代の出雲屋の運

1930年代後半、出雲屋の前で撮った家族写真。出雲屋は軍人食堂として指定を受けた。八重子は腕前が良く、特にお団子作りが上手であった。長女静子と長男順一の死により、次女の貞子が仕事の手伝いを始めた。

営についてはよく知らない。しかし、日本に戻って父が伊万里に定着し、生計のために出雲屋を再開した際、鶴子も両親を手伝うようになった。その間、姉の貞子は結婚して家を出た。家には鶴子だけが残った。出雲屋の跡取りとなったのである。年頃になると婿養子を取り、父は末娘夫婦に出雲屋を継がせた。

八重子と末娘の鶴子

鶴子と出雲屋で仕事をしていた金次郎。金次郎は朝鮮人の従業員で、店の仕事を熱心にしていた。

廣瀬介次郎は、安太郎の次男である。兄の健一が家業を継ぎ、介次郎は兄を傍らで支え、出雲屋の成長に貢献した。介次郎はパン作りが上手で父にほめられていた。出雲屋のパンや菓子がおいしいと有名になったのも彼の腕のおかげである。一九二九年当時の記録を見ると、出雲屋は大和町に本店を構え、栄町に分店を持っていた。当時の栄町分店は介次郎が運営していた。

介次郎は次男ということで、多少自由な生活をしていたようである。兄の補助として出雲屋を営みながら、群山を離れて外地を回ったりもした。北中国、北満州を行き来しながら商売をして稼ぎもした。しかし、家庭の面では順調ではなかった。最初の妻を亡くす不運も経験した。しばらくして、介次郎は再婚した。独り者の義弟を不憫に思った義姉の八重子が周囲で似合いの人を探したので

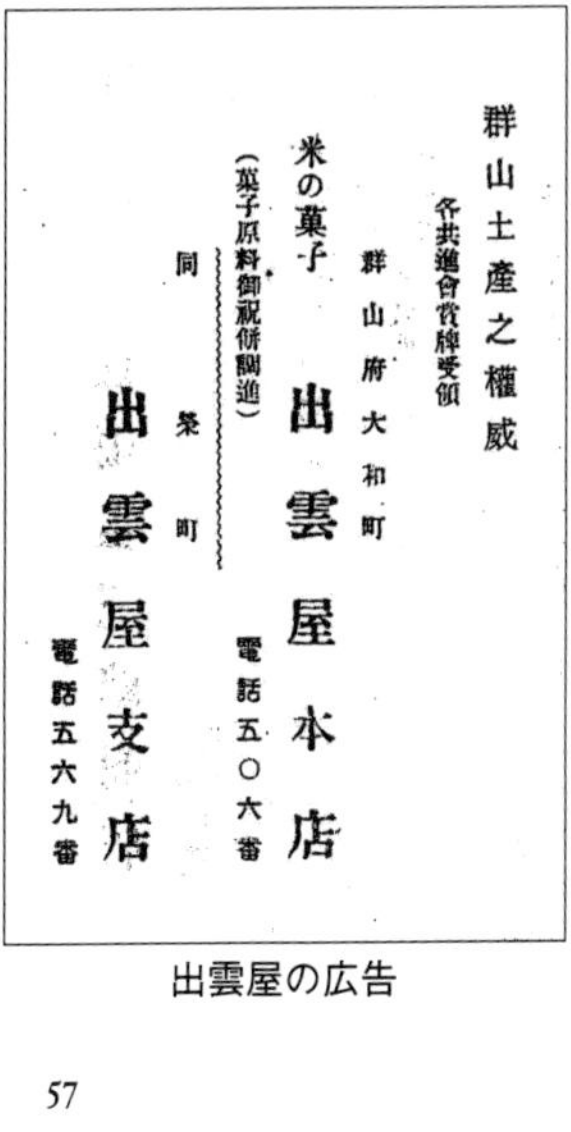

出雲屋の広告

ある。ちょうど自分の兄も早くに亡くなり、一人になった義姉がいた。八重子は、義弟と義姉が同じ時期に連れ合いを亡くして寂しく暮らしていることを知り、二人を引き合わせた。二人はすぐに結婚することになった。

出雲屋が商売を広げて明治町に進出したころ、介次郎は北満州で事業を始めた。ちょうど姪の静子と介次郎の養子である正芳が結婚をしたばかりだったので、息子夫婦を連れて北満州へ移住した。介次郎は商才がある人だったので、その時代にしては相当の財を築いた。しかし、戦争が長引くにつれ満州滞在は危なくなってきた。敗戦の空気が漂うと、家族を連れて群山に戻ってきた。ところが、戻ってすぐに姪であり息子の嫁である静子と、彼女が生んだ幼い孫を相次いで亡くすという試練に遭った。介次郎の不運は群山を去る日まで続いた。敗戦の後、彼は家族を連れて下関に引き揚げた。そして、下関で再起をかけて再び製菓店を出した。

Ⅲ　製菓店　出雲屋

一、群山に開業した出雲屋

西洋式のパンは韓国にどのよう伝わったのだろうか。朝鮮時代末に開国してから、西洋の文物が韓国に入ってきた際にパンも初めてお目見えした。当時、パンは韓国に来る西洋人が食べるものという認識で、一般人には広く知られていなかった。しかし、日本の場合は少し違っていた。韓国より早く開国し、ポルトガル、オランダ、イギリス、フランス、アメリカなどと修好通商条約を結び、西洋の文物の流入が韓国より先に行われていた。日本は十九世紀末から富国強兵に重点を置き、隣国である朝鮮を植民地にした。そして自らが受容した西欧の文物を近代化という名目で植民地に持ち込み始めた。この過程は少々複雑といえる。なぜなら、日本を経由し日本的要素が加えられた西洋文化が、韓国に流入したからである。パンの場合はこの過程がわかりやすい。「パン」という用語もポルトガル語の「pao」から来ている。韓国のパンの味や種類もやはり日本で開発されて韓国に来たものが多い。

餡が入ったあんぱん、サラダを入れたサラダパン、本家のポルトガルより長崎のほうが有名になったカステラなどが良い例である。特に餡がたっぷり入ったあんぱんは西洋にはない独特なパンである。韓国をはじめアジアで人気がある。

西洋のパンを輸入した日本は、自分たちの口に合うよう作り変えたからこそ大衆化に成功したのかも知れない。日本では室町時代後期にヨーロッパとの貿易が始まり、主に長崎港から洋菓子が伝来した。この頃、上生菓子、カステラ、金平糖のような「日本式洋菓子」が登場したと言われている。「日本式洋菓子」技術を持った日本人が植民地時代の朝鮮に渡って製菓店を出し、韓国にも洋菓子が紹介されることとなった。群山に店を出した出雲屋もその多くの製菓店のうちのひとつであった。

出雲屋は当初あられ専門店としてスタートした。出雲屋では「えびあられ」がよく売れた。あられはもち米の粉から生地を作る煎餅の一種で、これは西洋式菓子とは違い、バターやチーズのような乳製品を入れず、オーブンも使わないものである。

出雲屋の創業主の息子である廣瀬健一は、製菓技術を専門的に学ぶために東京に渡った。この時彼は、クリームパン、あんぱん、ケーキといった西洋製パン技術を学んで

群山に開業した出雲屋

廣瀬健一は製菓店だけでなく明治製菓の特約店も運営していた。当時の明治製菓の仕事仲間と撮った写真である。中央に廣瀬健一と妻の八重子の姿が見える。

来た。小麦粉を主原料に、バター、牛乳、卵などを入れて生地を作り、酵母を加え一定時間発酵させた後、オーブンで焼くという製法である。西洋式製パンは日本の伝統菓子の製法と異なるため、健一は本国に行って製パン・製菓技術を学んで群山へ戻ってきたのである。そして手先が器用な弟介次郎と共に西洋式パンと菓子作りを始めた。

出雲屋ではパンの主材料である小麦粉は群山で仕入れ、砂糖、香料、バター、チーズ、クリームなどの副材料は日本から仕入れた。群山は日本との貿易が活発な都市であった。韓国では入手困難な食

明治製菓の仕事仲間。廣瀬健一は明治製菓の特約店の仕事も並行して行った。

植民地時代の群山にあった明治製菓

材が比較的手に入れやすい地理的利点があった。当時の群山では、日本に本社を置く明治製菓を通じて、パンに入れるバターやチーズなどの乳製品の供給を受けていた。明治製菓はキャラメル、チョコレート、砂糖などの完成品も売っており、出雲屋では乳製品を使った商品とともに明治製菓の製品も販売していた。

当時、群山には多くの製菓店があったが、出雲屋は他の製菓店から取りまとめて明治製菓に注文する仕事もしていた。明治製菓は注文・請求を一括して出雲屋に任せ、一定のマージンを提供した。出雲屋が中卸の役割を行っていたことになる。さらに、出雲屋は製菓店だけではなく、食堂や流通業にも手を広げていた。

二、出雲屋の成長

廣瀬家の製菓業は二代目になってさらに栄えた。一九三〇年代初半、出雲屋は群山の繁華街である明治町二丁目（現在の中央路一街）に拡張移転した。この場所が現在の李盛堂がある場所である。

当時の出雲屋周辺には専売局や府庁などの主要な官公署があり、各種の店舗が構えていた。群山の繁華街は主に日本人が行き交った街で、日本のどこかの都市をそのまま移したかのようであった。珍しい品物を売る商店が立ち並び、朝鮮人には異国的な雰囲気を感じられる街であった。製菓店、写真館、高級料理店、家具店、食料品店、銭湯、洋品店などの店が軒を連ね、現代的な品物に接することができる場所でもあった。

当時、群山に何軒かあった製菓店のうち出雲屋が最も大きかった。出雲屋は明治町への移転の日に開業式を大々的に行った。松江の芸者を呼び寄せて宴会をするなどの盛大さであった。

出雲屋の二代目店主廣瀬健一は、事業家らしい面があった。人との交流が好きで、いろいろな集まりに出かけた。同業者たちともよく集まり、事業関連の情報交換にも熱心であった。時代が求める業種をいち早く取り入れて事業を拡大する迅速さも見せた。彼は出雲屋で得た利益を他の事業にも投資した。その時代の新しい社会的階級として、中小資本家が形成されていく過程を見ることができるという意味で大変興味深い。

彼は様々なところに投資をしており、その関連証書は今も残されている。健一が資本家として必死であった様子が分かる資料である。

出雲屋の後期には、製菓店だけではなく、レ

1930年代の出雲屋。軒に大きな看板を掲げ、店の入口には暖簾を出した。

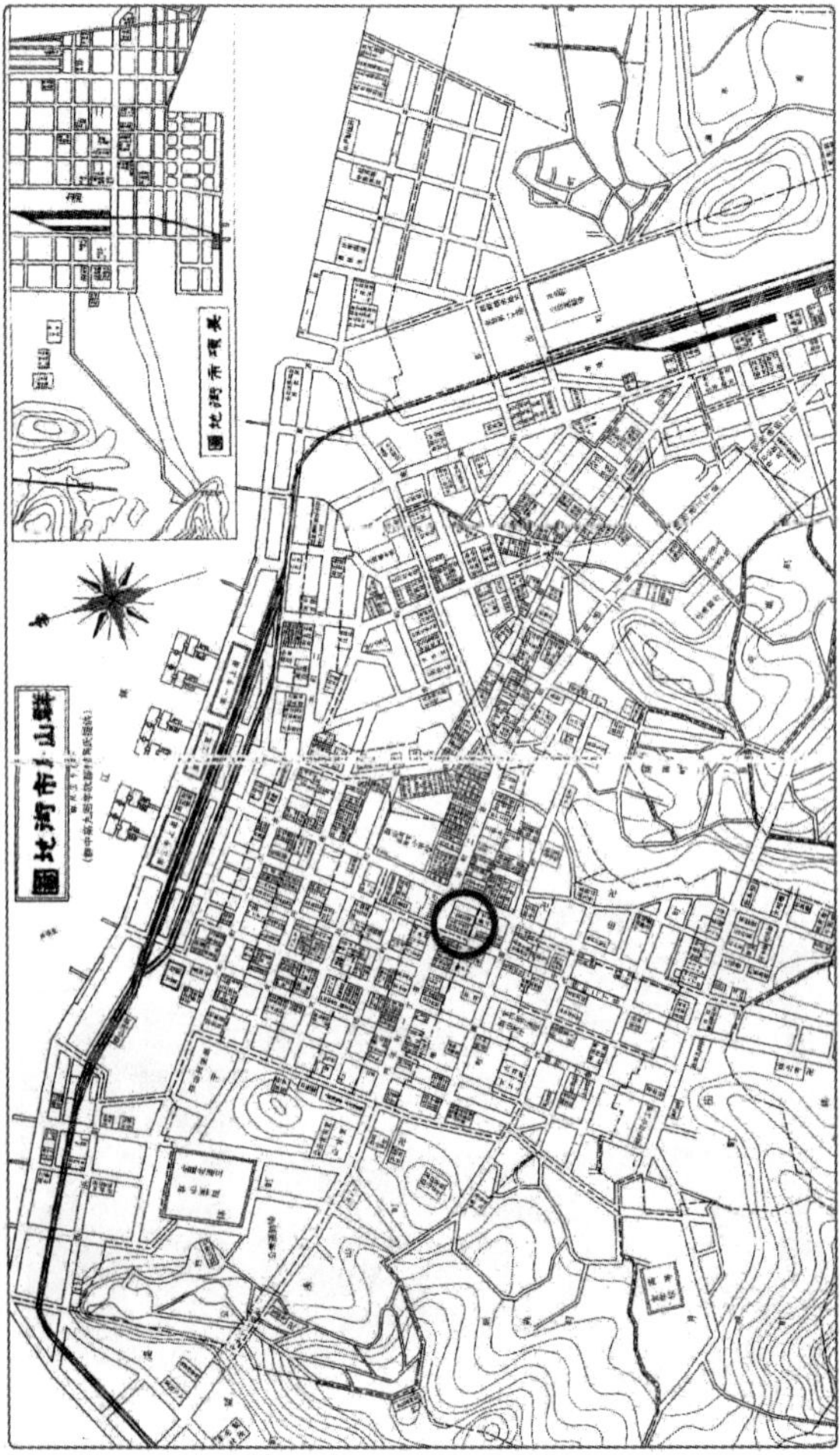

植民地時代の群山の地図。○部分は出雲屋があった場所。

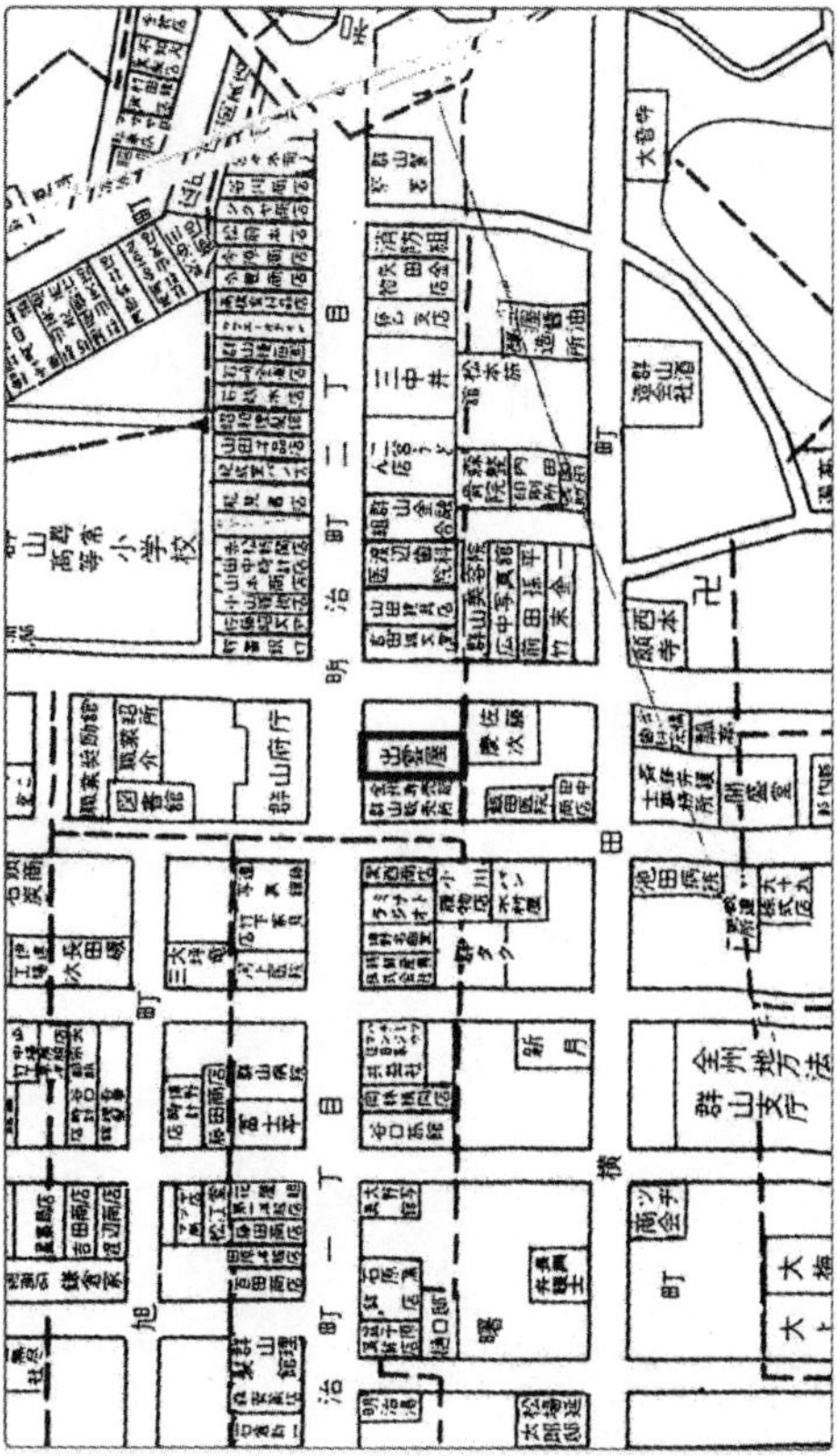
群山府庁
出雲屋
図書館

ストランも経営した。出雲屋の隣に西洋式料理とコーヒーを出す洋食部を置いた。レストランは思いのほか人気があった。当時のメニューはランチ定食、とんかつ、オムライスなどであった。その中で一番人気はランチ定食であった。ランチ定食はメイン料理と野菜、パン（またはライス）のセットメニューである。現在でも通用するランチ定食がその当時作られていたという事実を知ることができる。

一九三〇年代後半になり、戦争によって物資供給が不足し、政府は菓子に使われる材料も配給制に変えた。出雲屋もパンの材料は配給を受けなければならなかった。そのうちそれも不足するようになり、製菓店でのパン作

出雲屋は明治町への移転の日に開業式を大々的に行った。松江市から芸者を呼び寄せて宴会を盛大に行った。

出雲屋内部の写真。室内に桜の木を飾った。室内にはテーブルとイスと仕切りを置いた。ここでパンを食べたり食事ができた。

りを禁止する処置が下った。

戦争末期になると、政府指定の工場でパンが作られ、それが群山市内の各製菓店に一括配給される制度に変わった。物資調達が困難であったため取られた処置であった。しかし、その時期でも出雲屋はパンの販売には困らなかった。廣瀬健一が工場の役員をしており、十分なパンの供給を受けることができたためであった。

また、戦争中にも出雲屋は大きな苦労を経験したわけではなかった。軍人が食事することができる食堂として指定を受けていたからである。鶴子はその時の状況を次のように記憶している。

私たちのレストランは毎日軍人でいっぱいでした。軍人指定食堂でしたので。従業員がプレートに食べ物を載せるんですが、ある日、ひとりの軍人が量が少ないと不満を言い出して、しまいには軍人同士でもみ合いになったこともありました。大きな事故にならなかったから良かったですが、子供の目には衝撃的な光景でした。今でも覚えていますから。

戦争は人間の安定した生活を破壊するだけでなく、時には人格すら破壊するものである。

国を挙げて戦争している間にも、些細な

1930年代後半になると戦争によって物資供給が不足し、政府は菓子に使われる材料も配給材に変えた。後に制限が厳しくなり、戦時末期には群山地域の製菓店が一ヶ所に集められパンを生産した。

出雲屋の近くの府庁で催された行事の様子。

ことで争いが起こり、同族同士でも惨劇が起こる。食べ物をめぐって同僚同士で争ったという逸話は、当時の軍人たちが身も心も疲労困憊の状態であったことを表している。

パンや西洋料理は、戦場に行く軍人たちにとって滋養の源であり、心を癒す薬でもあった。パンの甘さは味覚を満足させるだけでなく、力仕事に必要なカロリーも豊富だった。また、洋食はタンパク質の供給源であった。また、こうした異国的な食べ物は戦争のストレスを少しでも忘れることができる一種の清涼剤でもあった。国家全体が困難な状況に陥っていても、出雲屋が盛況だったのにはこのような理由があった。

三、出雲屋の運営

出雲屋は「群山府明治町二丁目八五番地の二」に位置していた。出雲屋が入っていた建物の総面積は百二十八坪で、木造二階建てであった。一階は製菓店で、二階は家族が生活する空間であった。

製菓店の奥には従業員が寝泊りできるところもあり、製菓店の一角にはパンと菓子を焼く工場もあった。出雲屋の前面はショーウィンドーを設え、ケーキや菓子などが陳列してあった。店の前を通る人々の目を引くには充分であった。建物の屋根に大きな看板を掲げ、入口には暖簾を掛けてあった。

出雲屋は一九三〇年代に事業を拡大し、製

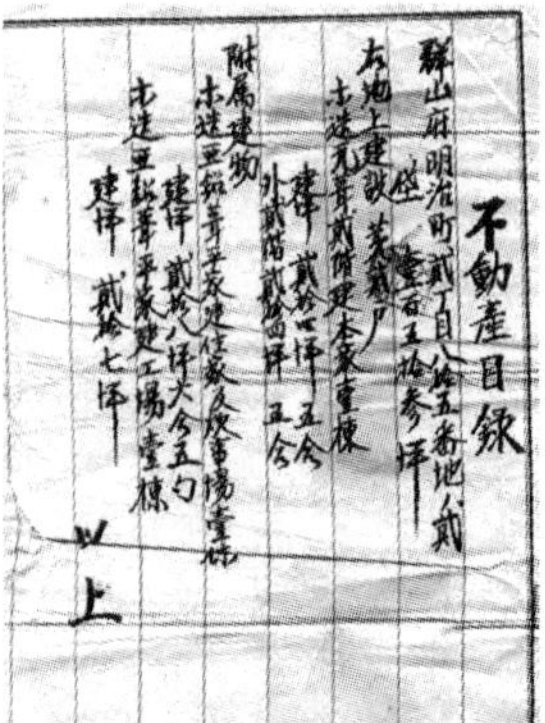
不動産目録
群山府明治町貳丁目八拾五番地ノ貳
一 宅地 壹百貳拾參坪
右地上建設 建物
木造瓦葺貳階建本家壹棟
建坪 貳拾四坪 五合
外貳階 貳拾四坪 五合
附属建物
木造亜鉛葺平家建住家及倉庫場壹棟
建坪 貳拾八坪六合五勺
木造亜鉛葺平家建工場壹棟
建坪 貳拾七坪
以上

出雲屋の不動産目録。出雲屋の住所は群山府明治町二丁目八五番地の二であった。

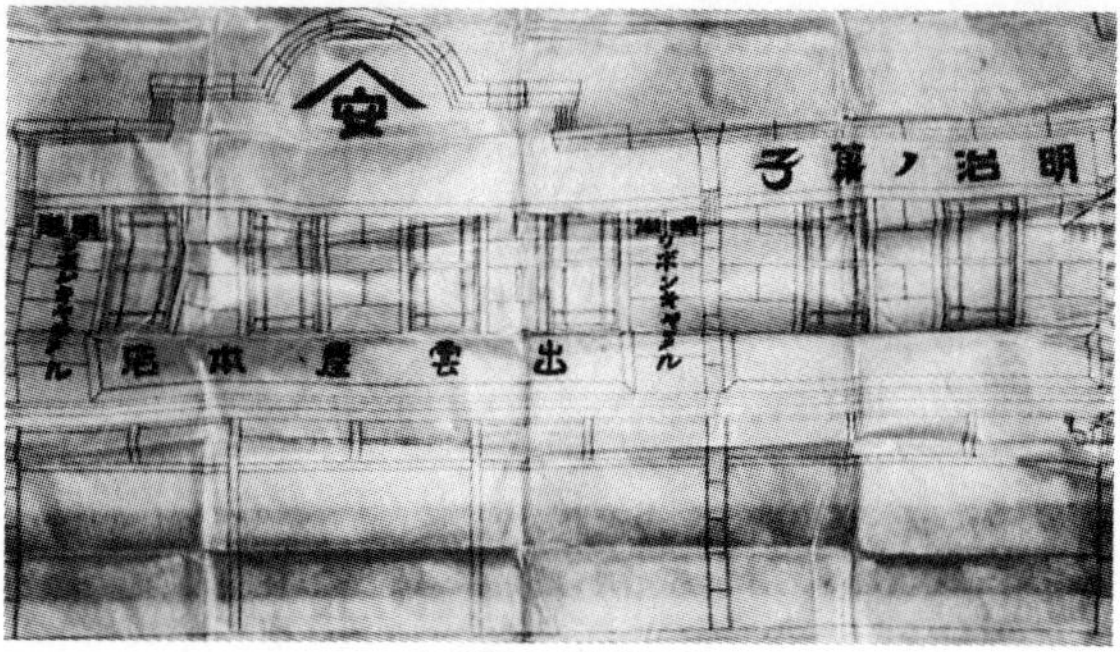

出雲屋の設計図面

菓店の横にレストランとコーヒーショップを出した。レストランでは洋食を提供し、コーヒーショップではコーヒーとパンやケーキを販売した。出雲屋のレストランは、とんかつ、オムライス、ランチ定食がメインメニューであった。当時は、魚か肉と野菜がセットになったメニューをランチまたはランチ定食と言っていた。ランチメニューは時々に応じて替えていた。出雲屋で取り扱っていた品目は次の通りである。

製菓部

●餅：正月などには餅の注文が多かった。餅の注文が入ると、従業員はもろぶた（もち作りに使う板）を洗って乾かすことから始めた。当時の群山にある銀行から正月用の餅の大量注文が入った。「お鏡」と呼ばれる鏡餅の注文が入るときは、妻の八重子が陣頭指揮を執った。

●亀の子せんべい：亀、星などの模様の菓子も作った。

●蜜豆：人気のあるデザートであった。

●各種パン：出雲屋で作るパンは多様であった。あんぱん、クリームパン、菓子パン、食パンなどを作っていた。

洋食部

●ランチ定食：魚または肉、野菜、ライスまたはパンをセットにして提供した。価格は八十銭程度であった。（貞子によるとこの当時レストランは繁盛していてとても忙しかったという。）

●とんかつ、オムライス：西洋料理として知られるメニューを提供した。

●コーヒー：飲み物

出雲屋には一九三〇年代初半に調理器具を注文した記録、すなわちパンを焼くのに必要な物品の注文書、製菓店で必要な物品の注文書、そして食堂部の注文書などが残っており、当時どのような調理器具を日本から仕入れていたのかを知ることができる。

出雲屋の「工場」とは餅を作るところで、大型精米機、製粉機、餅つき機があった。工場の注文書を見ると、精米機、製粉機、餅つき機と各種モーターを注文した内容がある。当時既に餅と菓子の製造は自動化・機械化されていたのである。電気モーターを装着した新式機械を使って米やもち米を精米、製粉した後、機械で蒸していたので、大量注文もさばくことができた。正月や記念日などに餅の注文が多く、出雲屋では設備を自動機械化していた。これらの機械とその部品はすべて日本に直接注文して仕入れていた。

工場モーター

- ●安川製　五馬力　一台、精米機　一台、付属品　五点
- ●富士製　三馬力　一台、製粉機　一台、付属品　三点
- ●三菱製　一馬力　一台

●東海鉄鋼製 餅つき機 一台
●品川製 二分の一馬力 餅つき機 一台
●日立 井戸ポンプ用 四分の一馬力 一台
●四分の一馬力 送風機用 一台

出雲屋の製菓部では菓子、飴、パンを作っていた。電気オーブン、蒸し器、飴を作る機械、あられを焼く機械、乾燥機など、やはり機械化された設備で製品を作っていた。

●製飴機 一台
●立てボイラー 一台
●せいろ四段 五組
●電熱オーブン 八キログラム 一台
●製菓機 十五台
●ストローク式あられ焼き機 一台

●乾燥機　一台
●もろぶた
●原材料、羊羹、菓子、砂糖など

菓子部は、製菓部で作った菓子やパン、餅などを陳列・販売する部署である。よって菓子部では主に製菓店内部で必要な什器や陳列ケースなどを注文した。大小さまざまな陳列台を置き、客が菓子やパンを選びやすいようにしていた。また出雲屋では配達もしていた。大量注文の品は三輪運搬車や自転車で配達し、長距離の配達もしていた。

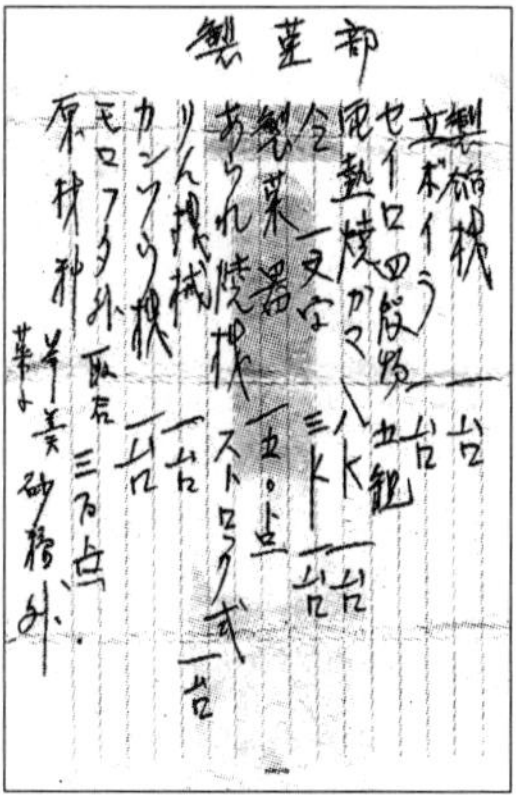
製菓部
製餡機　一台
立ボイラ　一台
セイロ四段物　五組
電熱焼かま　八kw　一台
仝　一文字　三kw　一台
製菓器　一五・点
あられ焼機　ストロック式　一台
りんご機械　一台
カンプら機　一台
モロブタ外　取右　三百点
原材料　羊羹　菓子　砂糖外

製菓部の注文書

工場　モーター
一、安川製　五馬力　一台
製餅機　一台
外付属品　五点
一、富士製　三馬力　一台
製粉機　一台
外付属品　三点
一、(三ピン)製　一馬力　一台
餅搗機　一台
一、二分一馬力　餅搗機　一台　品川製
四分一馬力　一台
日立井戸ポンプ用
一、四分ノ一　送風器用　一台

工場の注文書：出雲屋工場で注文した機械

菓子部営業用什器

●曲陳列台 六尺・三尺、厚ガラス、三基
●置陳列台 六尺・三尺 二基
●東京花房製 三段横口ビン 三十本
●高さ一尺五寸、幅六尺 陳列台 二台
●自転車 四台／三輪運搬車 一台

出雲屋は製菓店の隣を拡張して食堂にした。ランチ定食、オムライスなどの洋食を提供した場所である。テーブル十五台ほどの規模の洋食堂であった。各種の料理用什器と冷蔵庫を備えていた。夏には扇風機を設置しており、快適に食事できる現代式レストランであった。

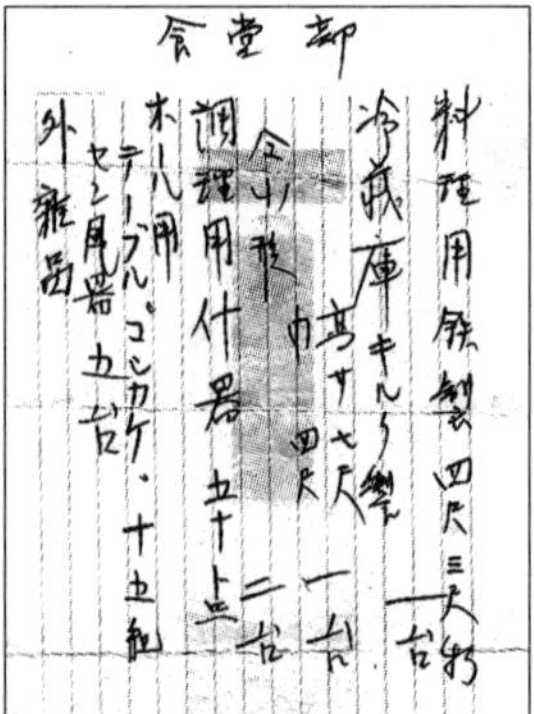
食堂部
料理用鉄製 四尺 三尺物 一台
冷蔵庫 キんう製 高さ七尺 巾四尺 一台
金山形 二台
調理用什器 五十点
ホール用 テーブル・コシカケ 十五組
セン風器 五台
外雑品

食堂部の注文書

菓子部
営業用什器
一曲陳列 六尺 三尺物 厚硝子 三基
一置陳列 六尺 三尺物 二基
一東京花房製横口ビン 三段物 三十本
一菓子用立ビン共フタ 三十本
一奥行一尺五寸 六尺巾陳列 二本
外 箱台 四台
自轉車 四台
三輪運搬車 一台

菓子部の注文書

●料理用鉄製　四尺・三尺
●冷蔵庫（キルク製）　高さ七尺　幅四尺　一台
●料理用什器　十五点
●ホール用テーブル・腰掛　十五組
●扇風機　五台
●その他雑品

出雲屋は日本から持ち込んだ調理器具と新式機械を使って、自動化されたシステムでパンを作った。パンは電気オーブンで焼き、鮮度を保つために冷蔵庫も備えていた。植民地時代におけるほとんどの製菓店では木炭オーブンを使っていたが、出雲屋は最高級の電気オーブン[3]を使っていた。他にも餡練機、アイスクリーム機、かき氷機などの現代

(3) オーブンとしては、薪オーブンが最初に登場し、次に炭を使うオーブン、練炭オーブン、ガスオーブン、電気オーブンの順に発達した（チョ・スンファン（一九八五）「パン洋菓子業界の発展史」『食品化学と産業』一八–一二）。

式の製菓・製パン機械とそれを使う技術を持っていた。当時の群山の製菓業者は、オーブンや調理器具を買う際には日本に注文して仕入れるか大阪に出向いて購入したりしていた。小規模の製菓業者は、団体で注文して必要な調理器具を購入することもあったという。時には朝鮮人技術者にオーブンの形や原理を説明して製作させることもあった。

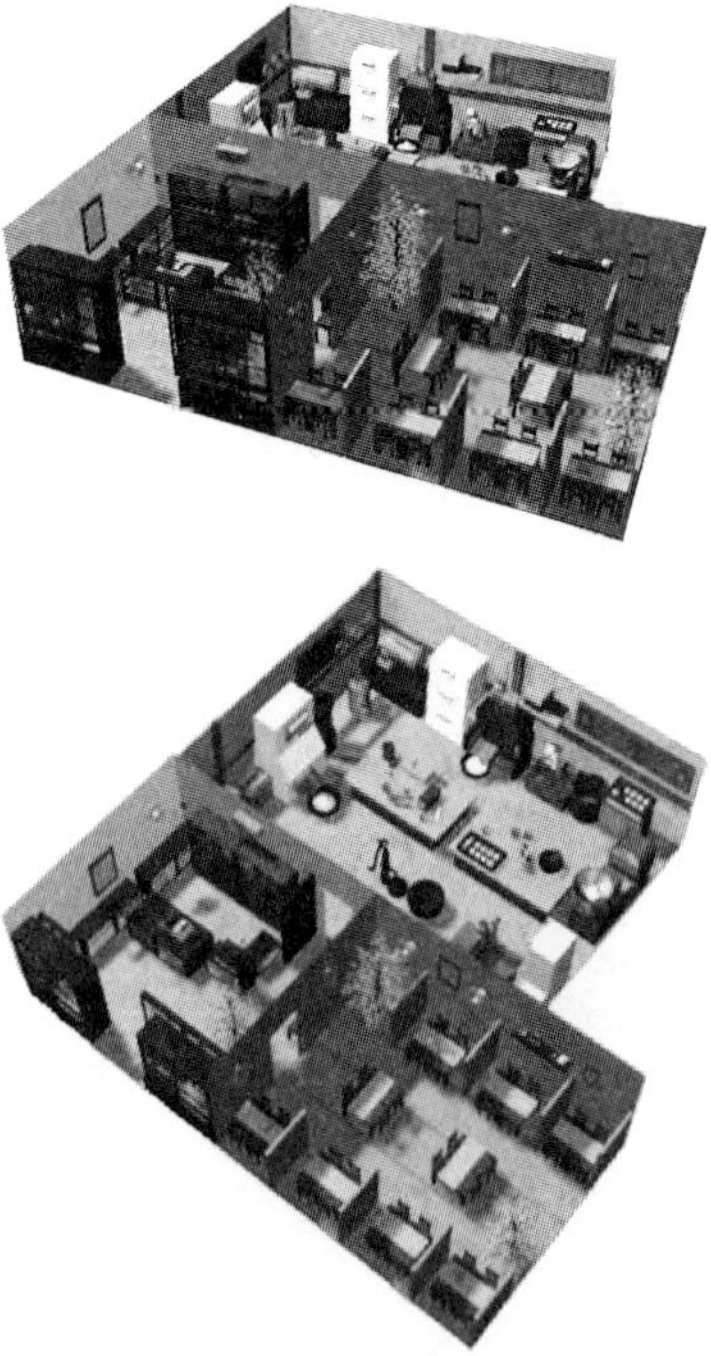

注文書を元に再現した出雲屋の空間

四、経営の特徴

出雲屋の運営は、菓子部、営業部またはサービス部、茶部、食堂部に分かれていた。菓子部ではパンやケーキを作った。茶部ではコーヒーやお茶を担当した。食堂部は洋食を主にしたレストランである。営業部またはサービス部では、パンや茶を客に運んだり、販売する仕事をしていた。

初代店主の廣瀬安太郎が出雲屋を始めた時は、あられを売る小規模の菓子屋であった。その後事業に成功し、一九三〇年代には群山で最大規模の製菓店に成長した。一九二〇年代後半には既に栄町に分店があり、本店は長男健介が、分店は次男の介次郎が運営していた。

当時の群山には出雲屋だけでなく、開城堂、調和堂など多くの製菓店があった。これらの製菓店で「群山菓子商組合」を作り、親睦と振興のための活動を行った。菓子商組合では、製菓店の運営に関連する仕事や製菓の材料と調理器具の団体購入などを行いつ

出雲屋本店前で撮った家族写真。出雲屋本店を宣伝するために大きな広告を作った。写真の右側には、出雲屋の代表商品である丸い缶に入ったあられが陳列してある。

当時の群山には出雲屋のほかに、開城堂、調和堂など多くの製菓店があった。これらの製菓店で「群山菓子商組合」を作り、親睦と振興のための活動を行った。

つ、団結を図っていた。植民地時代初期の製菓店は日本人経営がほとんどであったが、後に朝鮮人が経営する製菓店も少しずつでき始めた。群山菓子商組合に所属する製菓業主たちは定期的に親睦会を開き、芸者を呼んで楽しんだ。

出雲屋で雇っていた二十人近くの従業員はすべて朝鮮人であった。製菓部に十人程度、営業部に二人、茶部に四、五人、そして食堂部には三名程度が働いていた。

出雲屋で雇っていた二十人近くの従業員はすべて朝鮮人であった。製菓部に十人程度、営業部に二人、茶部に四、五人、そして食堂部には三名程度が働いていた。食堂部で働く女性一人を除き、すべて男性従業員であった。そのうち数人は出雲屋の裏の建物に住み込みで働いていた。日本人の製菓業者のほとんどがそうであったように、出雲屋でもパンや菓子は家族が作っていた。朝鮮人従業員が専門的な製菓技術

半纏を着た出雲屋従業員。出雲屋の従業員は部署ごとに異なる制服を着ていた。着物を変形させた動きやすい制服を着ており、営業部の従業員はワイシャツとズボン、販売の従業員はスーツを着ていた。配達に出る従業員は「出雲屋」と書かれた揃いの半纏を着て配達に出かけた。

を習う機会はほとんどなかった。(4) 男性従業員は、力仕事や単純作業である精米機、製粉機の操作や、販売をしたりしていた。つまり、補助の雑用を行っていたのである。

出雲屋の従業員は部署ごとに異なる制服を着ていた。着物を変形させた動きやすい制服を着ており、営業部の従業員はワイシャツとズボン、販売の従業員はスーツを着ていた。配達に出る従業員は「出雲屋」と書かれた揃いの半纏を着て配達に出かけた。

出雲屋は食事時間以外に、従業員に一日二回の間食時間を取らせた。健一は十時と三時の間食時間をきちんと守った。

労働環境を良くしようとしていたことが伺える。一方で、当時の出雲屋の経営方法は、朝鮮人の従業員にとっては新しい形態の教育と統制でもあった。日本式の服装をし、時間を正確に守り、作業の分業もはっきりしていたからである。

（4）日本の製菓業者は徹底して製菓技術を秘密にしていた。一九三〇年代後半、戦争で日本の技術者たちが徴用されて帰国したため、人手が不足するようになり、この頃から朝鮮人に技術を少しずつ伝授し始めた。彼らは見様見真似で技術を身につけていった（チョ・スンファン前掲書（一九八五）、シン・ギルマン（二〇〇三）『こうして始まったお菓子のはなし』光門閣）。

五、一九四五年以降

製菓店の繁盛によって廣瀬家は裕福な生活を享受することができた。一九四〇年代、戦争中でも群山の出雲屋はさほど困難なことはなかった。しかし、一九四五年の終戦とともに彼らの運命は一夜にして急変した。朝鮮に居住していた日本人たちは、日本敗戦の知らせに衝撃を受け混乱に陥った。時局を正確に理解するまで時間が掛かった。すぐに本国に引き揚げるべきだと言う者もいれば、そうでないと言う者もいた。右往左往する事態が連日続いた。急いで荷物をまとめる者が多かったが、残ることを希望する者もいた。廣瀬健一がその一人であった。

彼は家族に荷物は最小限にするよう言った。すぐに使うものだけを持っていくよう指示して本人は残ると言った。妻と子供たちは一緒に引き揚げるよう彼を説得したが、頑として聞かなかった。家族は最後まで説得したものの、健一は頑なだった。群山に残り出雲屋の名声と富を守ろうとする彼の決心は誰も変えられなかった。

説得に失敗した家族は彼を家に残して行かざるをえなかった。ところが、貞子と鶴子を連れて行こうとする妻の八重子を夫が制した。家族全員が同じ船を乗るなと言うのである。何が起こるか分からないので貞子と鶴子を一緒に連れて行かないようにと言った。長女の静子と息子の順一を早くに亡くし、心を痛めていたからであった。

帰国の荷物は減らしたが、一家の大黒柱を群山に残して行く家族としては気持ちが穏やかではなかった。仕方なく道中の食べ物やお金など必要なものだけは確保した。銀行の預金を引き出そうとしたが、ちょうど出発の日は銀行が閉まっていて預金を引き出せずに行くしかなかった。とはいえ、健一が残ると言っているので預金はあとで引き出すことができると考えていた。

群山に残る決断をした廣瀬健一は、引き揚げていく家族が心配でならなかった。引揚げの道のりは安全ではないという不吉な噂が多く、また実際に事故の知らせも入ってきていた。彼は貞子と鶴子が同じ船に乗って事故に遭いはしないかという心配が先に立った。そして、考えた末に、末娘の鶴子と妻と他の家族を先に行かせ、貞子は日程をずらして帰らせるという家族の引揚げ計画を立てた。まず妻と鶴子を麗水《ヨス》へ行く夜間船に乗せ、追って貞子を麗水に行かせることにした。
六十年余りが過ぎて、年を取った貞子と鶴子は、群山を去った正確な日付を覚えていなかったが、当時の状況ははっきりと覚えていた。二人の記憶は、当時の群山の状況を詳細に記録した天城勲の手記と多くの部分が一致する。敗戦直前まで群山で警務課長をしていた彼は、当時の状況を「全羅北道の状況」に記録した。下記は天城勲の手記からの抜粋である。

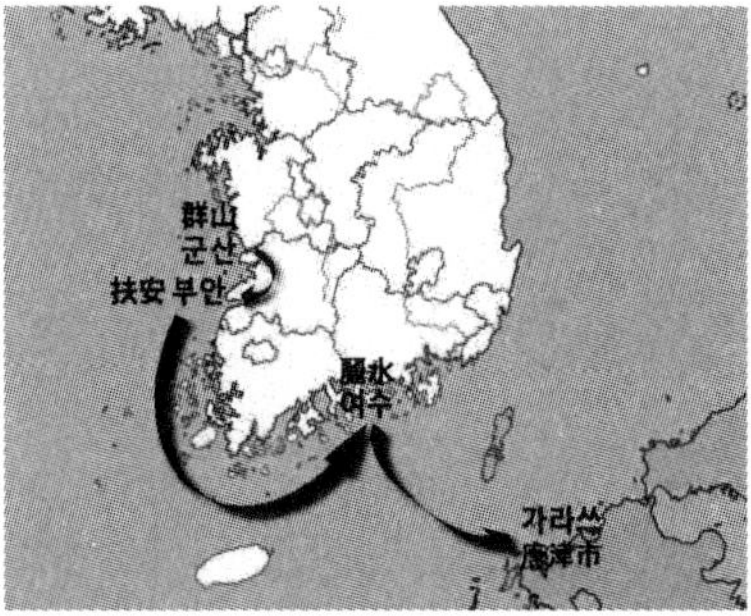

終戦後、廣瀬一家は群山、扶安、麗水を経由して日本の唐津に引き揚げた。

終戦を知らせるニュースが群山に届いたのは八月十五日〇時頃であった。緊急に知らされた予期しなかった出来事に、群山の警務庁では上部の指示に従い一心不乱に動いた。退却に備えて各種書類を早急に焼却しなければならなかった。何よりも、朝鮮人の動きに神経を尖らせざるをえなかった。朝鮮人に目立った動きが見られたのは、八月十六日からであった。日本人は、終戦の喜びを満喫している朝鮮人の動きを鋭意注視しながら、様々な備えをした。時には日本人に対して武力行使をする団体もあった。それにより日本人は彼らに対し、恐れを抱くようになった。日本人と朝鮮人の間に本格的な衝突は起こらなかったが、噂は拡散して日本人を不安にさせた（森田（キム・ヤンギュ）一九九三）。

その当時、群山に居住していた日本人には二つの類型があった。一刻も早く本国に戻ろうとする人々と、できる限り残って状況を見守ろうとする人々である。後者の人々は、治安に対する不安と今後の対策を講じるため、八月十九日に「世話会」を結成した。この組織の目的は、日本人の結束を固め自救策を講じようとするものであった（キム・ヤンギュ　一九九三、チェ・ヨンホ　二〇一四）。

一方で、ほとんどの日本人は続々と群山を去った。引き揚げの途中で事故も多発した。九月中旬に出発した二隻の小型船舶が、五十余名の日本人を乗せて扶安《プアン》、麗水を経由し唐津に向かう途中で、一隻は嵐に遭って沈没し日本へ帰り着くことができなかった（キム・ヤンギュ　一九九三）。当時世話会では帰国ルートの出発港を群山港にしていたが、朝鮮人青年隊員の妨害を受けて、扶安、麗水、木浦《モッポ》などの他地から出発せざるをえなかった（チェ・ヨンホ　二〇一四）。

廣瀬一家も麗水から出発する船を手配した。しかし、麗水まで安全に行き着けるかが問題であった。群山から麗水までは陸路で百キロメートル程だが、陸路は危険と判断して船に乗ることにした。回り道とはいっても本来一日で到着する距離であったが、鶴子の記憶によると、群山から麗水まで一ヶ月余り掛かったという。麗水までの道程がいかに大変であったかが推測される。彼らは心労の上に船酔いに苦しめられながら、かろうじて麗水に着くことができた。いよいよ日本行きの船に乗れると安心していたところに、思わぬ知らせが入った。突然船に異常が発生し、修理が終わるまで待たねばならないとのことだった。

麗水に着いてからというもの、八重子は夫と置いてきた貞子が心配で寝付けぬ夜を過ごしていた。何日か麗水で待たされることになり、八重子はこれが夫と娘を連れて日本に帰る最後の機会だと思った。八重子は麗水から群山に引き返した。

一方、妻と末娘を先に帰らせた健一は、群山でどうやって暮らしていけばよいものか途方に暮れていた。群山に残った日本人の友人と連携して様々な構想を立てつつ、忙しくも不安な日々を送った。

一九四五年九月二十九日、群山に米軍部隊が入った。この部隊は全羅南・北道を管轄することになった。群山に残った健一と娘の貞子は、米軍が群山に駐屯するとの噂を聞いて、今後何が起こるのか心配でならなかった。当時群山に残留した日本人は世話会を頼りにしていた。世話会は米軍と友好的な関係を結んで状況を打開しようとした。世話会は米軍のために慰安所（ダンスホール）設置を提案し、英語能力を持つ日本人を任命して米軍と仕事をさせた。任命された日本人は通訳や翻訳の仕事をした（チェ・ヨンホ二〇一四）。出雲屋を運営しながら、軍納関連の事業もしていた健一は、何人かの資本家とともに「ダンスホール」への投資を積極的に検討していた。その当時の状況を娘の貞子は次のように語った。

米軍の進駐軍が来たら、三中井百貨店があった場所にダンスホールを開く予定でした。父がダンスホールに投資するつもりだと話していました。私はその言葉を聞いて、話にならないとから止めてくださいと父に言いました。終戦後も父は群山に残って事業を拡大しようとしていたようでした。

貞子は、父が残留していた他の日本人とともに、ダンスホール投資のために走り回っていたのを記憶している。そのダンスホールは米軍のための遊興施設で、三中井百貨店の跡地に開く予定であった。しかし結局その事業は失敗に終わった。それでも健一は自分の事業手腕を疑わず、あれこれ事業をしようと奔走した。今になって思い返せば、健一は当時の政治的状況を受け入れなかった、否、受け入れることができなかったのである。そんな父を貞子は理解しようとした。貞子はこう振り返る。父は当時の状況を正確に判断できずに、不安の余り錯覚の中で愚かな行動をしたのだと。世話会に代表される、敗戦後の群山に残留した日本人のこのような動きは、まるで燃え落ちた建物の中で悪あがきして燃え滓を拾う人のようであった。

引揚げの途にあった八重子は群山に引き返し、夫と娘の貞子を探した。幸い二人とも無事であった。しかし、夫は約一ヶ月の間急ぎ足で進めていた事業が思うように進まず、大きな失望の中にいた。八重子は頑固な夫を説得する最後の機会と思い、必死で説得した。八重子の説得に健一は折れるしかなかった。一ヶ月前よりは、敗戦の状況をある程度認めたのである。

彼は最後の砦として守ってきた出雲屋を相応の値段で売ろうとした。しかし、それも思うようにはいかなかった。最終的に「李さん」という出雲屋で働いていた朝鮮人従業員に売ろうとしたが、これも失敗した。値段が決まらないので、いっそのこと売らなくても良いと健一は考えた。しかも八重子が今すぐ帰ろうと哀願している。八重子は「いずれ群山に戻れますよ」と夫を宥めた。ようやく健一は荷造りを始めた。道中の食料を用意していた八重子は胸を撫でおろした。三人で再び麗水に向かった。

貞子は六十年前に起こった出来事を、あたかも昨日起こった出来事のように語った。彼女は体調を崩し寝込んでいたが、話をしている間は終始腰をまっ直ぐ伸ばし、ベッドの端に座っていた。二十三、四歳の頃の貞子に戻った彼女は、父が終戦後の不安と混沌の中で苦しんでいだ様子を回想して興奮気味に語った。語り終えて暫く沈黙が流れた。ベッドの端に座っていた彼女は、遠くを見つめていた。彼女の目は父を探しているようであった。あの時は、愚かなことだと、話にもならないと激しく言い争ったが、今振り返ると、父としてはそれしかできなかったのではないかという眼差しで私たちを見た。

いろいろ聞きたいのを堪えていた私たちの一人が尋ねた。「終戦後にもかかわらず、どうやって出雲屋を守りながら一ヶ月余り過ごしたのですか？当時の群山に残った日本人に対して朝鮮人は「出ていけ」と言わなかったのですか？もしかして危ない目に逢わなかったのですか？」。父娘が出雲屋に残り一ヶ月以上も過ごしたことが意外に思われた私たちは、矢継ぎ早に訊いた。八十歳の貞子に戻った彼女は静かに私たちを見つめながら微笑むばかりであった。代わりに鶴子が答えた。

父は従業員をいじめたりしなかったのです。もとが倹約家だったので大盤振る舞いはしませんでしたが、従業員を困らせることはありませんでした…。戦争が終わると朝鮮人がお金を持ってきて、店を売ってくれと言ったと父は話していました。でも、父は自分で商売をすると言って断って、日本には戻らないと意地を張り続けました。

意地を張っていた父を母と娘が懇々と説得してとうとう引き揚げることになった。(5) 娘たちは父がいかに出雲屋に愛着を持っていたかを繰り返し力説した。

日本に戻っても群山に連絡を取っていました。詳しいことは分かりませんが、家賃を入れるとの契約をしたようです。父は家賃を支払うよう要求しましたけど、当然家賃は支払われるはずもありませんでした。

鶴子は父と出雲屋の最後のつながりについて、あっさり過ぎるほど淡々と語った。長い時間が過ぎ、今は平然と話せる。しかし、父と出雲屋そして群山のことは、忘れることができない記憶として彼女たちの心の奥底に刻まれていた。他の記憶はあいまいになってしまった八十歳の貞子と、まだ矍鑠としている七十歳の鶴子は、群山で生まれ育っ

(5) 天城勲の「全羅北道の状況」には引き揚げの状況が紹介されている。他の地域に比べて群山は朝鮮人と日本人の衝突が少なかったという。比較的平穏な状況下で日本人は引き揚げることができた(チェ・ヨンホ　二〇一四)。

た。だから、鶴子は夫の廣瀬正幸（一九二六生）が群山（Gunsan）を「Gunsang」と発音するたびに直している。夫が「Gunsan」と発音していると言い張ると、鶴子は笑いながらこう言う。日本人は自分のように正しく「Gunsan」と発音できないのだと。

六、出雲屋の再建

　群山から引き揚げた廣瀬健一は、静かな田舎に住むことを望んだ。だから妻の八重子の故郷である佐賀県伊万里市を選んだのかも知れない。伊万里に移った頃は、すぐに群山に戻れると信じて疑わなかった。それで、彼が群山から引き揚げる時に持ってきた資金で、隣人に食べ物を配るなどしてまず好意を表した。村の人々から除け者扱いされないように、そして引揚者だと後ろ指を指されないように心を砕いた。高級な着物を着て歩き、町の人に生活に困っていないように見せていた。

2012年５月、伊万里に住む鶴子と夫の正幸を訪問した際、仏壇に祀られた両親の位牌を見せてくれた。

1945年、終戦と同時に本国に戻った廣瀬一家は伊万里に定着し、そこで出雲屋を再開した。健一は娘婿の正幸に家業を継がせた。

群山に財産を置いてきた上、引揚げのときに持ち帰れる現金には制限があった。その上貨幣改革が行われていたため、資金はあっという間に底をついた。彼は着ていた高級呉服を売って生計を立てなければならなかった。生活力のあった彼は仕事を探した。違う店で仕事をしながら、節約をして少しずつ資金を貯めた。いくばくかの資金と親戚からの援助を元手に、家族で力を合わせて出雲屋の再建を始めた。伊万里市内の商店物件を買い入れ、出雲屋の看板を掲げてパン作りを始めた。日本で群山の出雲屋を再開したのである。

家族全員で一生懸命パンを焼いた。それから廣瀬家の生活は少しずつ良くなってきた。それでも群山の出雲屋の盛業には及ばなかった。伊万里は小さな町で、群山のように官公署も多くはなく、消費中心の都市ではなかったからである。健一は引退するまでの間妻と一緒に出雲屋を運営したが、歳を取ってからは末娘の鶴子と娘婿の正幸に製菓店を継がせた。

酒が好きな健一は胃がんで手術を受けた。長い闘病生活の末、一九五六年に脳卒中でこの世を去った。引揚げから十年後のことであった。妻の八重子は一九九四年に享年八十八歳でこの世を去った。亡くなるまで娘夫婦が営む出雲屋の離れで暮らしていた。鶴子は出

出雲屋の前の廣瀬夫婦。

雲屋の看板が見下ろせる二階に両親の位牌を祀っている。

2012年５月、長崎に住んでいた貞子に会うことができた。

2012年５月、伊万里で廣瀬鶴子にインタビューを行った。

Ⅳ　朝鮮人の経験：新しい味と空間の誕生

一、朝鮮に入った最初のパン

パンはいかに韓国人に受容されていったのであろうか。近年パンの消費が増加し、多種多様なパンが登場するようになり、筆者はパンの伝来に興味を持つようになった。今日、韓国人の食生活は西洋化し、昔ながらの米よりもパンを好む人が増加しつつある。今では町のいたるところにパン屋(6)がある。専門的なパン屋も登場しており、パンの消費はさらに伸びた。少し前の韓国ではパンはおやつという認識であったが、今に至っては主食と認識され、韓国の食文化において重要な地位を占めるようになった。

パンは日常的な食べ物になったが、韓国人にとって西欧文化の一部であることは変わりない。クリスマスや結婚記念のような西洋から入ってきた記念日にはケーキが登場す

(6) 韓国の一般的なパン屋では、パンの他、菓子やケーキも売っている。ケーキはパンの一種に分類され、日常語で「パン」はケーキを意味する場合もある。(訳者注)

る。パンとケーキは、各種のイベントやお祝いの行事の儀礼用食品として、なくてはならないものとなった。いつの頃からか誕生日にもケーキは必需品となった。誕生日に餅を用意した従来の習慣に比べると大きな変化である。昔から誕生日を迎える子供には健康を願う意味のペクソルギという蒸し餅を、老人には長寿を願う意味で雑穀と餅米を混ぜた餅を作って贈った。

パンは餅の地位に取って代わり、誕生日の祝膳の様相を一変させた。かつては子供に対しては「健康に育ちなさい」、老人には「長生きしてください」と、お祝いの言葉をかけて餅を贈ったものだった。今では「Happy Birthday」と書かれたケーキが誕生日の常連メニューとなった。甘くて柔らかい、異国的な雰囲気を醸し出す誕生日ケーキによって、誕生日の祝宴が誕生日パーティーに変わった。また、忙しい現代人は手間の掛かる韓国料理よりも、サンドイッチなどの手軽な西洋料理を好むようになった。特に朝食に牛乳やジュース、コーヒーなどを添えてパンを食べる人が増えている。このように、パンの消費は韓国人の食生活を大きく変えた。

製菓店が街に軒を連ねる現状はさほど昔からのことではない。韓国にパンが入ってきたのがわずか一世紀半前ということを勘案すれば、今日の製菓・製パン業の躍進は瞠目に値する。

パンは十九世紀初頭に外国人神父によって朝鮮に持ち込まれたとされている。[7] チョ・スンファン（二〇〇三：四五）はパンや洋菓子の歴史について調査中に、当時（一九七二年）八十歳を超えていたミン・チュンシクさんに出会った。

彼から聞いた「牛嚢餅」の話を次のように紹介している。「ミン・チュンシクさんが十歳の頃、あるカトリック神父が炭火の上にシル（蒸し器）をひっくり返して置き、その上にパン生地を乗せて、上にオジジャベギ（底の平らな大型の陶器）を覆い被せてパンを焼いていた。焼いたパンが牛の陰嚢と似ていたため牛嚢餅と呼んだ。パンを焼く方法は先に渡ってきた宣教師から伝えられた」という。ミン・チュンシクが口述した内容から推測するに、カトリック神父たちが朝鮮でパンを焼いて食べたのは一八〇〇年代初頭と考えられる。[8] 朝鮮末期に秘密裏に入国して布教活動をしたカトリック神父が、パン

(7) ユン・テウォン（二〇〇八：一二）、チョ・スンファン（二〇〇三：四五）参照。

を焼く道具を考案してパンを焼いて食べていたのである。また、それは当時の朝鮮人たちには不思議な食べ物に見えていただろう。

外国人の神父たちがパンを焼く際、オーブンの代わりに餅の蒸し器を活用していた様子は興味深い。シルという餅蒸し器は、底に穴が開いており、火が上がってきてパンを焼きあげるのに都合がよい。シルをさかさまにしての上にパン生地を並べ、シルが覆い被さるくらいオジジャベゲ(9)を被せた。そうすると立派なオーブンになった。当時は燃料に炭を使用しており、パンが焼

チョ・スンファンの本には、ミン・チュンシクが記述した牛嚢餅を焼いたかまどの姿が紹介されている（チョ・スンファン2003：45）。

ける と膨らんで丸い形のパンとなった。その形がまるで牛の陰嚢のようだったので「牛囊餅」と呼ばれた。これが朝鮮に入った最初のパンとされている。

一方、プロテスタント系の宣教師が朝鮮人にパンを紹介した歴史も残っている。[10] 一八八四年に医療宣教活動のために韓国に定着したアレン博士[11]と、一八八五年の復活節に、仁川を通じて朝鮮に入国した宣教師のアンダーウッドとアペンゼラーが、本国の作り方で家でパンや菓子を作って日常食として食べていたという。宣教活動をしながら朝鮮人に分け与えたりもした。[12] また、宣教活動をする同志たちに故郷への思いを込めて贈ったりもした。

その後の一九〇二年十月には、西洋式ホテルとして建てられたソンタグホテル[13]でパン

(8) チョ・スンファンは、一八三〇年代と推定している(チョ・スンファン二〇〇三:四五)。
(9) 壺の一種で平たく口が広がっている形をしている。
(10) 十九世紀末、米国の長老派とメソジスト教の教団から朝鮮に宣教師として派遣された。
(11) イ・クァンリン(一九七三)『開花期の韓米関係―アレン博士の活動を中心に』一潮閣
(12) チョ・スンファン(二〇〇三)『韓国パン菓子の文化史』四十八ページ

とカステラを販売していたという記録が残っている。当時のパンは中国式の漢字を用いて麵麭と呼ばれており、カステラは雪のように白いため雪餻と呼ばれていた。ソンタグホテルの一階にはコーヒーショップとレストランがあり、コーヒーとパンをはじめとしたヨーロッパ式の食事を提供しており、宿泊客やホテルを社交場とする人々に利用されていた。ソンタグホテルは主に上流階級の客を相手にパンやカステラを売っていたが、異

ソンタグホテル

国的なパンの味とその見た目は漢城（現在のソウル）の人々の間でも話題になっていた

(13) ソンタグホテルは現在のソウルの貞洞に建てられた韓国初の西洋式ホテルで、ロシア公使館のウェーバーの妻の姉であるソンタグが運営したことから名づけられたホテルである。近代に入って、まだきちんとした宿泊施設がなかった時代、最初のホテルとして名を馳せた最も格式高い西洋式ホテルであった。ソンタグは大韓帝国時代に外交活動において主導的な役割を果たした。彼女はフランスのアルザス＝ロレーヌ出身だが、普仏戦争（フランスとプロイセンの戦争、一八七〇～一八七一年）でドイツ領となったためドイツ国籍として来韓し、ロシア公使館の保護下で活躍した。開港初期の韓国は対外交渉上、外国語の堪能な人材が必要であった。ソンタグは、英語、ドイツ語、フランス語、ロシア語などに堪能であっただけでなく、韓国語もいち早く習得したため、宮内府で外国人の接待業務を担当した。ソンタグは宮内府とロシア公使館を繋げる業務を行ったり、朝鮮独立運動を支援したりした。朝鮮政府は彼女の独立運動への功労に対して、一八九八年に徳寿宮付近の貞洞二九番地の一一八四坪の韓屋（朝鮮家屋）一棟（現在の梨花女高等学校）を下賜した。一九〇二年にソンタグはそこにホテルを建てて経営した。ホテルは客室数二十五室の二階建てレンガ式の建物であった。ロシア式の建築方法で建てられ、一階には一般室、二階には貴賓室があった。他にもビリヤード場があった。外国人用の二頭立て馬車を備えており、ホテルとしては国際水準であった。アメリカ人の団体である「貞洞倶楽部」の催しはいつもこのホテルで開かれていた。ヨーロッパの外交官が集まる場所でもあり、伊藤博文もここに投宿したことがあるという（イ・スンウ（二〇一四）『ソンタグホテル』百四十三ページ参照）。

ソンタグホテルには外国人用の二頭立ての馬車があった。

という。

パンは朝鮮時代末期に西洋人を通じて入ってきたが、当時は極めて限られた人たちだけがパンに接することができた。宣教師が食べ物に困った人々に分け与えたとの記録があるように、パンは救護品として支給される宣教の手段であった。一方で、韓国最初のホテルであるソンタグホテルでは、その時代の最高権力者たちだけを対象にパンを売っていた。当時のパンは二律背反的に、両極の階層の僅かな人々だけが口にすることができたのである。一般の人々がパンという単語を耳にしたり目にしたりするのは、特別な場合に限られていた時代であった。

本格的に製菓・製パン技術が伝えられ、パンが外来の食品として知られるようになったのは、植民地時代を経てからのことであった。植民地時代には外交権が剥奪され、西洋との交流が断絶された。その代わりに、西洋の文物が日本を通じて入ってくるようになった。つまり、すべての西洋の文物は二重の受容過程を経て入ってくることになったのである。パンもまた同様であった。最初に日本に伝来したパンは日本国内で受容される過程を経て植民地時代の韓国に入ってきた。こうしたパンの歴史を知るためには、日本の近現代におけるパンの歴史を簡略だが説明する必要がある。

日本におけるパンの伝来の歴史を本格的に述べるには紙面が足りない。ここでは、日本が西洋と活発に交流を始めた時期から見てみよう。室町時代後期に長崎港を中心に、ポルトガルとスペインとの貿易が始まった。そして、江戸時代に金平糖、カステラなどの洋菓子が伝わった。ヨーロッパとの交流を通じて入ってきたカステラ、パン、ビスケットなどの南蛮菓子は、日本式に作り変えられ始めた。例えば、パンやカステラを作るときと同じ方法で小麦粉や米粉をこねた後、これに餡を入れることで現在の和菓子が作られた。

明治時代に入ると、バターやチーズ、クリームなどの乳製品が手に入りやすくなった。一部の菓子職人が洋菓子の製造を勉強して、バターや牛乳を加えたパンや菓子を作り始めた。このように日本ではパンや菓子が積極的に受容されて、広く消費されるようになった。

韓国人が好きなパンのひとつに餡がたっぷり入ったあんぱんがある。これは日本から伝わったものである。西洋にはない、東洋人が好きなユニークなパンである。あんぱんは、西洋のパンが日本に入ってから日本人の口に合うように作り変えられて誕生した。その後、植民地時代の朝鮮に移住してきた日本人によって伝えられた。あんぱんだけでなく、他の種類のパン―クリームパン、野菜パン、メロンパン、カステラなど―も、植民地時代に韓国に伝わったため、韓国のパンの歴史を遡るにあたっては、日本が果たした媒介の役割を理解することが重要である。

韓国のパンの歴史にとって植民地時代が重要であるという認識のもと、本書では前章までで、出雲屋の成り立ちと運営過程を見てきた。ここからは、日本人を通じて伝えられたパンが、どのように韓国人に受容され消費されたのかを簡単に論じることとする。

私たちは幸運なことに、群山明治町にあった出雲屋を記憶し、そこのパンを食べたことのある画家のハ・バンヨンさん（一九一八～二〇一五）に会って当時の話を聞くことができた。

二、植民地時代に入ってきた新しいパン

九十歳を超えたハ・バンヨンさん（二〇一二年インタビュー時、九十五歳）は群山明治町にあった出雲屋を鮮明に覚えていた。当時の出雲屋の外観、売っていたパンの種類、そしてパンを持ってきてくれた年下の友人に関する思い出を、ひとつひとつ聞かせてくれた。

あられ専門店としてはじまった出雲屋は、群山の繁華街である「明治町二丁目八五番地二（現在の中央路一街）」に拡張移転した。付近は専売局、府庁などの主要な官公庁があり、各種店舗が栄える繁華街であった。群山尋常高等小学校も近くにあった。堂々たる官公庁の建物が並び、その周囲には目新しいものを売る商店が軒を連ねていた。伝統的な田舎の村で育ったハ・バンヨンさんも、そのもの珍しい雰囲気に圧倒された。華やかな百貨店をはじめ、製菓店、写真館、料理店、家具屋、食料品店、公衆銭湯、洋品店など、近代の文物を扱う店舗が立ち並んでいた。主に日本人が行き交う町であったの

植民地時代に作られた地図を見ながら出雲屋の位置を確認する画家ハ・バンヨンの生前の姿

で、朝鮮人の往来はそれほど多くなかったが、明治町を通ることがあれば、まるで日本のどこかの都市がそのまま移ってきたかような印象を受けたという。

出雲屋では様々な種類のパンと菓子を作って販売していた。日本の伝統菓子である生菓子や煎餅、さつまいもあんの菓子、栗あんの菓子、白あんの栗饅頭など、多様な味と形の生菓子を作っていた。生菓子は味もさることながら、食べやすいように一口大に作られていたのも良かった。ハ・バンヨンさんの記憶では、出雲屋は煎餅とあんぱん、サラダパンが有名であった。煎餅は、亀の形の亀煎餅、海苔を入れた海苔煎餅、干し柿を入れた柿煎餅などが並んでいて、亀煎餅と海苔煎餅が人気があったという。

いろいろ売っていて。サンドイッチはなくて、サラダパンがあって。あんぱんがあって。一番の主軸は、あんぱんとサラダパン（だった）、それから生菓子（があったんだが）。生菓子は彼ら（日本人）は、和菓子と言っていた。生菓子はとても甘くて、それに、また、さつまいも菓子、栗菓子、栗饅頭があったね。生菓子は食べやすいように小さく作ってあった。栗の形のもあった。出雲屋は特に煎餅が有名だった。亀煎餅というのがあった、亀の形だよ。煎餅の表が亀の模様をしている。海苔を入れた海苔煎餅もあって。柿煎餅は干し柿が入っていた。煎餅の中でも一番売れたのは、亀煎餅と海苔煎餅だった。

十代後半のハ・バンヨンは、群山で手当たり次第に仕事をしていた。そうしているうちに、出雲屋で働く「次郎」と呼ばれる年下の友人と偶然知り合った。ハ・バンヨンは、彼の名前を「次郎」か「一郎」と記憶しているが、正確な名前は知らなかった。若いながらも物分かりがよく面倒見のよいハ・バンヨンを人々は慕っていた。次郎も彼のことを慕っていた。家を出て都市での独り暮らしは孤独でつらかった。それで、彼も次郎を実の兄弟のように仲良くしていた。ハ・バンヨンは、次郎に会いに時々出雲屋に遊びに行った。次郎の仕事が終わるのを待ちながら、工場の中で餡を作るのを眺めたりした。小麦粉をこねたり、形を作ったりする様子をひたすら見続けたりもした。

仕事を終えて出てくる次郎に手にはいつもパンがあった。わざわざ工場まで来てくれた友達のために、間食として出されたパンを残して持ってきてくれた。また、特別なボーナスとしてパンと菓子がもらえる日には、決まってハ・バンヨンを訪ねて来て、一緒に分けて食べた。だからなおのことハ・バンヨンには出雲屋のあんぱんと生菓子が甘く美味しいと感じられたのかも知れない。そのパンには本当の兄弟のような、次郎のあたたかい心がこめられていたからである。

三、近代の味が意味するもの

出雲屋のパンと煎餅が有名だったとはいえ、当時のほとんどの朝鮮人は、その日の食事もままならないほど逼迫していた。そのような状況で普通の朝鮮人が製菓店で売っているパンや菓子の味を知ることは稀なことであり、贅沢とさえ思われていた。ハ・バンヨンも出雲屋で働く友人がいなければ、ほかの朝鮮人同様、パンの味を知ることは難しかっただろう。彼は早くに家族から独立し、都市を転々としながら生きていた。若い彼が求めた生き方は、伝統的な身分制度のしがらみから開放されて、平等に暮らせる社会であった。両班《ヤンバン》として継ぐことができるはずだった裕福な生活に自ら別れを告げ、新しい生き方を探すために都市に出て来たハ・バンヨンは、再び抗えない差別社会を生きなければならなかった。それでも彼は屈することなく、どんな仕事でも選ばずに働いた。このような苦しい生活は、叶えたい夢があったからこそ乗り越えることができた。ハ・バンヨンの夢は絵を描くことだったが、絵を習うことなど望むべくもなかった。

墨と筆で描く絵には慣れていたが、西洋絵画は憧れの対象でしかなかった。当時の群山や全州では、西洋画を描く画家が少しずつ育っていた。若いハ・バンヨンはそうした人々の存在を励みにがんばった。日雇いで食いつないでいた彼は、画材さえ手に入れることが難しかったが、夢をあきらめなかった。そしてようやく劇場の看板絵師の助手になることができた時のことを、彼は幸福な成功であったと振り返る。

ハ・バンヨンにはパンに関する忘れられない記憶がある。出雲屋の前を通りながら見ていた食パンに意外な場所で出会ったのである。とにかく絵を習いたかったハ・バンヨンは、ある日全州のあるアトリエを訪ねた。そのアトリエの主である画家は木炭を利用してデッサンをしていた。墨と筆しか知らなかった彼にとって、木炭で描くデッサンは夢にまで見たものだった。その画家は厚く柔らかい食パンを傍らに置いてデッサンをしていた。製菓店でしか見たことのない食パンを、最初は画家が食べるために置いたものだと考えた。しかし、画家は食パンを手に持って絵を描き始めた。木炭で描いた絵をにじませるのに食パンを使っていたのだ。食うことにすら困窮していた十七歳のハ・バンヨンは、その光景に目を見張った。彼は思った。

えっ、食べたくても食べれないあの食パンを絵を描くのに使うなんて…。しかもちょっと使っただけで捨てるなんて…。それにしても、木炭のデッサンというものをぜひ習いたいものだ…。

一心不乱の画家に向かって、彼は勇気を出して言った。

あのう…。絵を習いたいんですが…。

驚きを隠しながらおずおずと話しかけたが、画家は一瞥だにせずこう言った。

おい、これは難しいんだ。だれにでもできるもんじゃない！

ハ・バンヨンがその日初めて見た木炭のデッサンとパンは、彼が夢見てきた新しい世界を象徴する記号であった。そして、八十年余りの時が流れても、決して忘れることができない光景であった。木炭とパンを手にするために、彼はその後、窮乏と目に見えない差別を相手に闘い続けなければならなかった。そしてついに彼はそれを手に入れることになる。

ハ・バンヨンさんのように西洋画家になることは、近代に憧れた若者たちの夢であった。理想の世界を思い描き、駆け出したたちの前途は順調とは言い難かった。彼らは植民地統治下で様々な差別と制約を受けざるを得ず、これに打ち勝つための努力を続けなければならなかった。

この時代の韓国人にとってのパンの経験も同様である。甘く異国的な味のパンの作り方を知るのは容易ではなく、いつでも買って食べられるものでもなかった。貧しい人々にはそれを買って食べるお金もなく、作りたい人々にはその技術を学ぶことが難しかった。しかし、一度味わったその味への憧憬を原動力に窮乏と差別に耐え忍び、歳月を重ねて自らのものとしていったのである。こうした韓国におけるパンの歴史は、ハ・バンヨンさんの人生と似ている。否、ハさんの人生が韓国のパンの歴史に似ていると言うほうが正しいかもしれない。

参考文献（韓国語）

イ・クァンリン（一九七三）『開花期の韓米関係―アレン博士の活動を中心に』一潮閣
イ・オリョン（二〇〇三）『縮み志向の日本人』文学思想
イ・スンム（二〇一二）『ソンタグホテル』ハヌルジェ
オ・セミナ（二〇一二）「群山地域の製菓店を通じてみる近代の味と空間の誕生」全北大学校大学院修士学位論文
――（二〇一二）「植民地時代におけるパンの伝来と受容に対する研究―群山の近代製菓店出雲屋を中心に」『地方史と地方文化』十五巻一号
キム・ジュンキュ（二〇〇一）『群山歴史の話』ナイン
――（二〇〇八）『群山踏査・旅行の道案内』ナイン
シン・ギルマン（二〇〇三）『このように始まった菓子の話』光文閣
――（二〇一三）『韓国パン製菓文化史』学文社

チョ・スンファン（一九八五）「パン洋菓子業界の発展史」『食品化学と産業』十八―二、食品化学会
チェ・ヨンホ（二〇一四）「群山居住日本人の引き揚げ過程に表れる地域的特性：世話会の組織と活動を中心に」『韓日民族問題研究』二十六号、韓日民族問題学会
森田芳夫著、キム・ヤンギュ訳註（一九九三）「朝鮮終戦の記録―全羅北道全州と群山を中心に」『全羅文化研究』第七号、全羅文化研究所
ユン・テウォン（二〇〇八）「韓国製菓製パン商品の変遷過程に関する研究」京義大学校観光専門大学院外食産業経営専攻、修士学位論文

写真
廣瀬鶴子所蔵

おわりに

私が本書のことを知ったのは、韓国の文化人類学研究の第一人者である朝倉敏夫・国立民族学博物館教授(現名誉教授)のエッセイを通じてだった。同館が刊行している『月刊みんぱく』二〇一四年六月号は「朝鮮半島の文化」を特集していた。その中で朝倉教授は「食から見る植民地期」と題するエッセイを寄稿しておられる。植民地期に伝えられた日本語のなかでとりわけ食に関するものは、いまだに韓国でひろく使われており、アンクムパン（あんパン）もその一つだという。そして韓国最古のパン屋「イソンダン」のアンクムパンは街の名物になっているが、イソンダンは「出雲屋」という日本人が経営していたパン屋を引き継いだもので、そのことを述べたのが本書だと書かれていた。

このエッセイを読んで、出雲屋というからには植民地期にパン屋を経営していたのは、島根県出身者ではないのかと思っていたが、幸いにも著者ハム・ハンヒ教授とオ・セミナさんに確かめる機会がやってきた。

島根大学には学生アンバサダーという制度がある。海外の協定校の学長・副学長や外国の総領事などの来賓がある場合、学生の有志が英語で大学やキャンパスライフを紹介するというものである。服部泰直学長の発案で二〇一五年にスタートしたが、学生アンバサダーの先駆けの一つが韓国の全北大学である。二〇一六年三月、私は国際交流担当副学長として島根大学の学生アンバサダーを連れて全北大学を訪問した。同大学のアンバサダーと交流を深めてこれからの励みにしてもらおうと考えたからである。このとき全北大学の教授であるハム・ハンヒ教授と彼女の指導大学院生であるオ・セミナさんにお目にかかることができたのである。

出雲屋はやはりこの地出身の日本人が経営していたのである。くわしくは本文に譲るが、ハム教授も、本書を日本語に訳してぜひ広瀬鶴子さんに読んでほしいと切望されており、それは出雲屋の跡地を引き継いだイソンダンの経営者も同じだという。

私も戦前島根から朝鮮半島に渡り生活していた人たちのことを地域の人々に知ってもらってもよいのではないかと思い、帰国したら出版可能か探ってみるとお答えした。

幸いにして松江市にある谷口印刷・ハーベスト出版が引き受けてくださった。とりわけ沖田知也氏には、ひとかたならぬお世話になった。また翻訳は、現在韓国外国語大学で教鞭をとっている中村八重准教授にお願いした。韓国滞在が長くハム教授とも親しい中村博士も快諾してくださった。あわせて感謝申し上げる。

本書が、近代の島根と朝鮮半島の交流史理解の一助になれば幸いである。また本書を読まれた方が、韓国旅行の際にイソンダンのあんパンを食べてみられることを願ってやまない。

二〇一七年八月

島根大学副学長（国際交流担当）　出口　顕

■著者紹介

ハム・ハンヒ

全北大学考古文化人類学科教授。コロンビア大学人類学科博士課程修了。文化人類学博士。歴史人類学に関心をもち、消えゆく近代の文化を収集・記録する作業に重点を置いてきた。特に口述史、生活誌などの文献文化遺産研究の方法論開発に尽力する。主な著書に『人類学と地方の歴史』（共著、アカネット、2004年）、『台所の文化史』（サルリム、2006年）『未完の記録－セマングム事業と漁民達』（編著、アルケ、2013年）など。

オ・セミナ

無形文化研究院先任研究員。全北大学人類学科大学院博士課程に在籍中。近現代の文化を収集・記録する作業を行っており、現在は歴史人類学的関心から韓国のパンの歴史を追跡し記録・解釈する作業をしている。主な著書に『群山の歴史と生活』（共著、ソンミン、2012年）、『20世紀、イソッキの生涯と近代の物語』（共著、国立民俗博物館、2013年）、『近代の味と空間の誕生』（民俗苑、2016年）など。

■訳者紹介

中村八重

韓国外国語大学日本語学部融合日本地域学科准教授。広島大学大学院国際協力研究科博士課程後期修了。博士（学術）。専攻は文化人類学。主な著書に『交渉する東アジア－近代から現代まで』（共編著、風響社、2010年）、『日韓交流史1965-2015Ⅲ社会・文化』（共著、東京大学出版会、2015年）、『東アジアで学ぶ文化人類学』（共著、昭和堂、2017年）など。

海《うみ》を渡《わた》った「出雲屋《いずもや》」
—韓国《かんこく》のパンの百年史《ひゃくねんし》

2018年2月1日　初版発行

著　　者　ハム・ハンヒ
　　　　　オ・セミナ

訳　　者　中村八重

発　　行　ハーベスト出版
〒690-0133
島根県松江市東長江町902-59
TEL 0852-36-9059
FAX 0852-36-5889

印刷・製本　株式会社谷口印刷

Printed in Shimane,Japan
ISBN978-4-86456-264-5